HEYNE <

Marcus Weber • Judith Weber

PHANTASTISCH PHYSIKALISCH

Warum Physik manchmal nerven kann, aber immer großartig ist – und einfach alles um uns herum erklärt

Wilhelm Heyne Verlag
München

Die in diesem Buch aufgeführten Experimente wurden sorgfältig ausgearbeitet. Ihre Durchführung kann jedoch auch bei ordnungsgemäßer Vorbereitung und Handhabung mit Gefahren verbunden sein. Jede Durchführung der in diesem Buch aufgeführten Experimente erfolgt auf eigene Gefahr. Verlag und Autoren übernehmen keine Haftung für Schäden, die bei der Durchführung der hier beschriebenen Experimente entstehen.

Sollte diese Publikation Links auf Webseiten Dritter enthalten, so übernehmen wir für deren Inhalte keine Haftung, da wir uns diese nicht zu eigen machen, sondern lediglich auf deren Stand zum Zeitpunkt der Erstveröffentlichung verweisen.

MIX
Papier | Fördert gute Waldnutzung
FSC® C083411
FSC www.fsc.org

Penguin Random House Verlagsgruppe FSC® N001967

2. Auflage
Originalausgabe 10/2021

Die Veröffentlichung dieses Werkes erfolgt auf Vermittlung der literarischen Agentur Peter Molden, Köln

Redaktion: Kanut Kirches
Fachlektorat: Prof. Dr. Stefan Heusler
Umschlaggestaltung und Motiv: Hauptmann & Kompanie Werbeagentur, Zürich
Illustrationen: Marcus Weber
Satz: Satzwerk Huber, Germering
Druck: CPI books GmbH, Leck
Printed in Germany
ISBN: 978-3-453-60572-5

www.heyne.de

Inhalt

Einleitung oder wie man einen Lachs löscht

»Was ich über Physik weiß: Sachen fallen runter, und Strom schmeckt aua!« Diese Postkarte hängt in unserem Büro, und die Aussage dahinter ist wahr. Physik kann ganz schön nerven, so sehr, dass man manchmal am liebsten nichts mehr von ihr wissen will. Wie bei dem Grillfest, als der Lachs in Brand geriet. Wir waren bei Freunden im Garten, an einem warmen Sommerabend. Wir öffneten das erste Bier, und vom Grill duftete wunderbarer, mit Kräutern bestreuter Lachs. Erst stießen wir an – und dann einen Schrei aus: Aus dem Grill loderten Flammen. »Wasser!«, war Marcus' erster Gedanke. Oder gleich das Bier drüberkippen?

Glücklicherweise kannten sich die Gastgeber besser mit der Physik des Grillens aus als der einzige Physiker in der Runde. Sie stoppten Marcus und retteten mit einer langen Grillzange routiniert den Lachs vom Grill. Während die Flammen erstarben, lachten sie lange und laut über den Reflex des studierten Physikers, Wasser auf einen Fettbrand zu kippen. Denn damit wäre die Flamme wohl ein spektakulärer Feuerball geworden. Das Wasser (oder Bier) wäre auf dem glühenden Grill sofort verdampft, und der Wasserdampf hätte unzählige kleine Fetttröpfchen mit sich gerissen, die lichterloh gebrannt hätten. Die Oberfläche des brennenden Fettes hätte sich deutlich vergrößert. Danke, Physik!

Es gibt einige Situationen, in denen Physik uns das Leben schwer macht. Sie zieht gnadenlos ihr Ding durch, ob uns das passt oder nicht. Auf dem Fahrrad haben wir immer Gegenwind, die Brille beschlägt, und das mobile Internet hängt.

Doch jetzt kommt das »aber«! Was auf keiner Postkarte steht, aber auch wahr ist: Hinter jedem dummen Missgeschick und jedem störenden Effekt steckt ein wunderschöner, eleganter physikalischer Grundsatz. Ein Naturgesetz, das uns an anderer Stelle durchs Leben hilft. Also los: Schauen wir uns an, wo die Physik uns überall das Leben schwer macht. Finden wir heraus, warum. Und dann versuchen wir, das Ganze zu drehen. Denn mit den richtigen Tricks arbeitet die Physik sogar für uns. Dann machen wir uns ihre Effekte zunutze – und der Gegenwind auf dem Weg nach Hause fühlt sich an wie eine frische Brise, die unser Gehirn zu neuen Höchstleistungen anregt. Versprochen! Viel Spaß!

Superman auf dem Radweg

Warum wir immer Gegenwind haben und wie man ihn besiegt

In Reiseprospekten sehen Radtouren immer entspannt aus: Strahlende Menschen radeln durch traumhafte Landschaften, die Sonne scheint, die Wiesen blühen, und ein leichter Wind lässt die Haare elegant wehen. Unsere Urlaubsfotos sprechen eine andere Sprache: Über den Lenker gebeugt, strampeln wir voran, die Gesichter knallrot, die T-Shirts flattern um uns herum. Das Album unseres ersten gemeinsamen Urlaubs ist voll von solchen Bildern. Vier Wochen tourten wir mit dem Fahrrad durch Kuba. Fidel Castro lebte noch, unsere Kinder noch nicht – es war der perfekte Zeitpunkt. Wir gaben unsere Fahrräder am Frankfurter Flughafen als Sondergepäck auf, nahmen sie nachts in Havanna wieder in Empfang und radelten los. Im Laufe der vier Wochen stießen wir auf viele Herausforderungen, und für die allermeisten fanden wir eine Lösung:

- Man kann nicht überall Essen kaufen? Am Straßenrand gibt es Bananen, und eine ganze Staude am Gepäckträger stört beim Fahren eigentlich kaum.
- Man darf nicht zelten? Es finden sich immer nette Menschen, die einem ein Sofa anbieten – sofern man das Haus vor Tagesanbruch verlässt, damit die Polizei nichts merkt.
- Mit Englisch kommt man nicht weit? Französisch »einspanischen«, also anders betonen und möglichst viele »o« an die Wörter hängen, klappt erstaunlich gut.

Nur ein Problem blieb: der Gegenwind. Egal, ob wir an der Küste entlangfuhren, ins Landesinnere oder durch Berge, nach Osten, Süden oder Norden: Der Wind war gegen uns. Solange die Route abwechslungsreich war, machte das nichts, es gab ja so viel zu gucken. Aber als wir uns eines Tages stundenlang auf einer Schotterpiste durchs Nichts gequält hatten, gab es am Abend nur noch ein Gesprächsthema: Muss das so sein? Kann man nicht Rad fahren ohne ständigen Gegenwind? Es muss doch möglich sein, den nervigen Wind zu besiegen – oder ihn sogar zu nutzen!

Gleich am nächsten Tag begannen wir mit einem kleinen Experiment: Ab sofort passten wir morgens besonders gut auf, woher der Wind wehte, bevor wir aufs Rad stiegen: Vielleicht gab es ja Windrichtungen, die keinen Gegenwind erzeugten? Oder zumindest weniger? Aber wir fuhren gerade an der Küste entlang, und in der Regel wehte der Wind vom Meer her. Diese Beobachtungen nützten uns also nicht besonders viel.

Doch dann kam ein fast windstiller Tag. Das Meer lag spiegelglatt da, und die Grashalme am Wegrand bewegten sich nicht. Juhu, endlich ein Tag ohne Gegenwind! Hoch motiviert stiegen wir auf die Räder, fuhren los und spürten – Gegenwind. Und zwar nicht wenig. Eigentlich ist das ja logisch: Wenn wir vorwärtsfahren, pustet der Fahrtwind uns entgegen. Wir fahren gegen die Luft an und müssen uns quasi durch sie hindurchschieben. Aber dass der gefühlte Gegenwind so stark war, wunderte uns doch.

Sobald wir wieder zu Hause waren, schmissen wir die Räder in die Ecke und begannen, uns physikalisch am Phänomen Gegenwind abzustrampeln (es ist ja immer gut, den Gegner möglichst gut zu kennen, wenn man ihn besiegen will). Schon nach kurzer Zeit kamen wir zu einer frustrierenden Erkenntnis: Wir selbst sind das Problem. Der Großteil der Leistung, die wir beim Strampeln erbringen, geht dafür drauf, gegen den Luftwiderstand anzuarbeiten, den unser eigener Körper erzeugt. Das können je nach Körperhaltung und Geschwindigkeit bis zu 90 Prozent sein. Wir bekämpfen also mit dem Großteil unserer Energie ein selbst geschaffenes Problem. Wie deprimierend kann Physik sein!

Luft ist schwerer, als man spürt

Aber es nützt ja nichts, wir müssen den Fakten ins Auge sehen: Normalerweise spüren wir die Luft um uns herum nicht wirklich. Sie ist einfach da. Trotzdem drückt sie auf uns und wiegt dabei auch noch einiges. Ein Kubikmeter Luft bringt 1,2 Kilogramm auf die Waage! Und wenn diese Masse in Bewegung ist, dann sehen wir alt aus. Wenn wir ganz ruhig mitten auf der Wiese stehen, stellen wir für die umherströmende Luft ein Hindernis dar: Wir stehen im Weg, und sie möchte da durch. Nehmen wir einmal an, der Wind weht mit 20 km/h. Auf einen einzelnen, normal großen Menschen wirken in so einem Fall knapp 7 kg Luft pro Sekunde. Pro Sekunde! Wären wir noch größer, wäre das noch mehr. Durch die Fläche, die die Rotoren eines großen Windrads überstreichen, strömen bei der gleichen Windgeschwindigkeit jede Sekunde 50 Tonnen Luft. Diese enorm große Masse gibt ein ganz gutes Gefühl dafür, warum Windkraftanlagen so viel elektrische Energie erzeugen können.

Selbst bei kompletter Windstille erfahren wir also eine bremsende Kraft aufgrund des Strömungswiderstands. Die beträgt bei einem normal großen Erwachsenen, der 20 km/h schnell fährt, etwa 10 Newton. Das ist die Kraft, die man braucht, um 1 Kilogramm, also z. B. einen Liter Milch, zu halten. Damit ist nicht gemeint, die Milch in den Fahrradkorb zu legen, sondern, dass wir kontinuierlich z. B. über ein dünnes Seil und eine Rolle eine Milchpackung in die Höhe ziehen. So viel Kraft müssen wir aufwenden, um die Luft beiseitezuschieben, die uns im Weg ist. Bei Windstille!

Die Luft macht es uns dabei hinten und vorne schwer. Hinten, weil wir einfach nicht stromlinienförmig gebaut sind. Als Radfahrerin oder Radfahrer sind Sie ein unregelmäßig geformter Körper. Klingt nicht nett, ist aber so, wenn man es physikalisch betrachtet. Ein unregelmäßig geformter Körper verursacht Luftwirbel. Diese Wirbel lösen sich und sorgen dafür, dass hinter Ihnen ein kleiner Unterdruck entsteht. Vor Ihnen herrscht höherer Druck, denn Sie schieben sich ja durch die Luft. Dieses Druckgefälle zieht Sie quasi rückwärts – jedenfalls rechnerisch. So fühlt sich schon der normale *Fahrtwind* wie Gegenwind an.

Und jetzt kommt ja noch der echte Wind dazu, also der, den Sie auch dann spüren, wenn Sie gerade eine wohlverdiente Pause machen (Segler sprechen von *wahrem Wind*). Beides zusammen, der Fahrtwind und der wahre Wind, ergeben den *relativen Wind*[1]. Das ist der Wind, den wir auf dem Rad fühlen und gegen den wir an-

1 Segler sprechen auch vom »scheinbaren Wind«.

strampeln müssen. Wenn ich 20 km/h schnell fahre und mir zusätzlich wahrer Wind von ebenfalls 20 km/h entgegenbläst, ergibt sich also ein relativer Wind von 40 km/h. Bei solchen Windgeschwindigkeiten sprechen Meteorologen schon von »starkem Wind«, der Regenschirme zerknickt und dicke Äste schwanken lässt.

Als wir das lasen, fühlten wir uns wie echte Helden. Wir waren also quasi täglich gegen offiziellen starken Wind angeradelt! Noch heldenhafter kamen wir uns vor, als wir uns die besondere physikalische Gemeinheit ins Gedächtnis riefen, die der Strömungswiderstand bereithält: Er wird um ein Vielfaches größer, je schneller wir fahren. Denn der Luftwiderstand ist fies. Er verhält sich quadratisch zur Geschwindigkeit der Strömung. Mit »quadratisch« ist nicht gemeint, dass er um vier Ecken kommt, sondern dass er überproportional ansteigt. Fahre ich doppelt so schnell, vervierfacht er sich. Fahre ich dreimal so schnell, habe ich neunmal mehr Widerstand. Fahre ich viermal so schnell, ist der Widerstand 16-mal höher. Praktisch heißt das: Wenn ich bei Windstille 20 km/h schnell fahre, muss ich 10 Newton an Kraft aufwenden. Jetzt kommt Wind auf und bläst mir mit 20 km/h entgegen. Der relative Wind hat sich also verdoppelt. Ich muss aber nicht nur doppelt so viel Kraft aufwenden, sondern viermal so viel – 40 Newton. Das sind vier Milchtüten, die ich hochziehen muss. Dann doch lieber eine Bananenstaude durch Kuba transportieren …

Endlich Rückenwind!

Nach dieser ernüchternden Recherche waren wir ziemlich klein mit Hut (bzw. mit Helm), was unseren Plan anging, den Gegenwind zu besiegen. Und dann errangen wir doch ganz unverhofft noch einen kleinen Sieg. Das war im letzten Sommer. Auf den Rädern fuhren wir vom Ruhrgebiet an die Nordsee, bis zum Hafen in Dagebüll, wo die Fähre zur Trauminsel Amrum ablegt. 550 km ging es nach Norden, während der Wind konstant aus südwestlicher Richtung wehte. Er schob uns wirklich vor sich her – so stark, dass wir bei einer Rast am Dümmer See nicht einmal surfen konnten, ohne vom Brett geweht zu werden. Nimm das, Gegenwind!

Auf den Rädern fühlte sich das zwar nicht so deutlich nach Rückenwind an, aber wir spürten, wie leicht es war, in die Pedale zu treten, und wie gut wir vorwärtskamen. Auch das hat einen physikalischen Grund: Wenn der Wind mit 20 km/h von hinten kommt und ich ebenfalls mit 20 km/h nach vorne fahre, spüre ich gar keinen Wind. Bremsen kann uns dann nur noch der Rollwiderstand der Reifen.

Ganz großes Kino ist es natürlich, mit Rückenwind bergab zu fahren. Auf der Tour an die Nordsee haben wir dafür die 40-km/h-Challenge ausgerufen. Jeden Tag versuchten wir, mindestens eine Teilstrecke zu finden, auf der wir mit Rückenwind und bergab diese Geschwindigkeit erreichten.

Bevor Sie jetzt Ihr Fahrrad aus dem Keller holen und losfahren Richtung Norden, haben wir leider noch eine ernüchternde Zahl für Sie: Man braucht sehr viel Rückenwind, um den auch als solchen zu fühlen. Meistens ist der Wind in Deutschland zu langsam im Vergleich zur Fahrgeschwindigkeit. Er gleicht den Strömungswiderstand nicht aus. Wir nehmen mal Hannover als Beispiel, weil es so schön in der Mitte liegt: Hier beträgt die durchschnittliche Windgeschwindigkeit im Schnitt 3 Meter pro Sekunde. Das entspricht 12,6 km/h. Um einen solchen Rückenwind wirklich als Anschub zu erleben, müsste man langsamer fahren als diese 12,6 km/h. Und dann dauert es lange, bis man am Meer ist.

Außerdem ist Wind ein sehr lokales Ereignis. Im Norden gibt es mehr davon als im Süden. Genau das wurde uns am Ende der Radtour zum Verhängnis: Auf der letzten Etappe lagen noch 45 Kilometer vor uns. Im Gepäck hatten wir ein kaputtes Knie (wir werden nicht jünger), ein Leihrad mit unbequemem Sattel (unser Rad war auch nicht jünger geworden und hatte uns auf der Hälfte der Tour verlassen) und den Zeitdruck, die Fähre zu erwischen. Und dann drehte der Wind. Was wir vorher als Rückenwind kaum gespürt hatten, blies uns jetzt mit voller Kraft ins Gesicht. »Gegenwind verspeist die Kraft des Radfahrers zum Frühstück«, hatten wir vor der Tour gelesen, und so war es. Wir strampelten, wir fluchten, wir quälten uns. An einem Imbiss hielten wir an, um einen überzuckerten Kakao zu trinken, dann fluchten, strampelten und quälten wir uns weiter.

Klingen wir wehleidig? Vermutlich ein bisschen. Lassen Sie uns deshalb das Elend durch Zahlen belegen: An diesem Tag wehte ein ordentlicher Nordseewind. Windstärke 7, das macht einen Gegenwind von 56 km/h. Dazu kommt unsere Fahrtgeschwindigkeit – die war zwar nicht mehr wirklich hoch, aber 10 km/h haben wir manchmal noch geschafft. Das ergibt zusammen einen relativen Wind von 66 km/h, was gerundet 100 Newton Strömungswiderstand entspricht. Dagegen anzufahren ist, als ob man an dem oben beschriebenen Seil dauerhaft 10 Kilogramm hochzieht oder einen Berg mit zehn Prozent Steigung hochfährt. Das ist nicht wenig, vor allem, wenn der Berg 45 Kilometer lang ist. Es hilft einem auch nicht viel zu wissen, dass die Rad-Profis auf der legendären Tour-de-France-Etappe nach Alpe d'Huez bis zu 15 Prozent Steigung bewältigen müssen.

Es wäre leichter gewesen, wenn wir nicht auf einem normalen Fahrrad gesessen hätten, sondern auf einem Liegerad. Alleine, weil man dem Wind weniger Angriffsfläche bietet, spart man eine Menge Kraft. Man kann es aber auch auf die Spitze treiben und das Liegerad aerodynamisch optimieren. Das geht am besten, indem man es komplett verkleidet, bis es aussieht wie eine Mischung aus einer Zigarre und einem Zäpfchen. Diese stromlinienförmige Form reduziert den Strömungswiderstand enorm: In dieser Hinsicht optimierte Liegeräder weisen bei gleicher Windgeschwindigkeit nur ein Zehntel des Widerstands auf, den ein normales Fahrrad hat (von unseren Packeseln mit Fahrradtaschen vorn und hinten ganz abgesehen). Auf diese Weise ist es möglich, mit Muskelkraft Geschwindigkeiten über 140 km/h zu erreichen. In dem bis ins Letzte auf den Geschwindigkeitsrekord optimierten »Fahrrad« möchten wir allerdings nicht sitzen beziehungsweise darin liegen. Es ist derartig voll verkleidet, dass es nicht mal ein Fenster hat. Die Straße kann man nur auf einem Bildschirm sehen (wobei eine Straßenzulassung für diese Modelle wohl eher nicht zu erwarten ist).

Als Notlösung blieb uns nur, uns tief über den Lenker zu ducken und so den Luftwiderstand wenigstens ein bisschen zu verringern. Kurzzeitig versuchten wir es auch mit Windschattenfahren. Sieht man ja auch immer bei der Tour de France. Die Fahrer halten sich eng hintereinander, sodass der vorderste viel Energie aufbringen muss und die hinteren in seinem Windschatten fahren. Das Problem ist: Man muss wirklich sehr nah hintereinanderfahren, damit das hilft. Auffahrunfälle sind programmiert. Außerdem sind Ampeln, Autos und Kreuzungen mit »rechts vor links« in diesem Konzept nicht vorgesehen. Also bissen wir uns durch – und wünschten uns, der Wind käme wenigstens von der Seite statt frontal von vorn.

Der verdammte Seitenwind

Dieser Wunsch war einer der dümmsten, den wir haben konnten. Seitenwind kann mindestens genauso nervig sein wie Gegenwind. Und er ist perfide! Eigentlich würde man ja meinen, dass Wind von der Seite nur nervt, das Fahren aber nicht anstrengender macht. Man muss sich vielleicht ein kleines bisschen gegen ihn lehnen, geschenkt. Leider stimmt das nicht! Der Grund dafür ist die oben beschriebene vertrackte Regel, dass der Widerstand sich quadratisch zur Geschwindigkeit der Strömung verhält (wenn ich also doppelt so schnell fahre, vervierfacht sich der Luftwiderstand). In diese

Rechnung rutscht leider auch die Geschwindigkeit des Seitenwindes mit rein, sodass wir tatsächlich größeren Kräften ausgesetzt sind und stärker strampeln müssen (für alle, die die Rechnung genau verstehen möchten, haben wir sie unten im Klugschnacker-Kasten aufgedröselt und aufgezeichnet).

Damit wollten wir uns natürlich nicht kampflos abfinden – zumal wir einen absoluten Experten in der Familie haben. Sebastian Weber (Judiths Bruder, Marcus' Schwager) hat schon Triathleten und Radrennfahrer bei Wettkämpfen wie der Tour de France und dem Iron Man auf Hawaii trainiert und eine eigene digitalisierte Methode zur Leistungsdiagnostik und Trainingsplanung entwickelt.[2] Er berichtete uns von speziellen Felgen, die die Luftströme verändern und dafür sorgen, dass der Seitenwind sogar Schub nach vorne gibt. Das passiert allerdings nur bei einem ganz bestimmten Angriffswinkel des Windes und auch nur mit minimaler Kraft. Zudem ist das Rad ja nur für den geringeren Teil des Luftwiderstands verantwortlich. Der größere Faktor sind wir als Fahrerinnen und Fahrer.

Den spektakulärsten Erfolg mit einem aerodynamisch umgebauten Rad hatte der US-amerikanische Radprofi Greg LeMond: Er gewann dank eines besonders windschnittigen Lenkers 1989 die Tour de France. Damals hatte noch niemand Lenker, auf denen man quasi liegen konnte, oder Helme, die nach hinten spitz zuliefen. Während der ganzen Tour lieferte sich LeMond ein Kopf-an-Kopf-Rennen mit dem Franzosen Laurent Fignon. Mal führte der eine, mal der andere. Der Abstand betrug nie mehr als eine Minute. Dann kam die letzte Etappe, das Einzelzeitfahren auf den Champs-Élysées. LeMond lag 50 Sekunden zurück, als er einen Triathlonlenker auf seinem Rad montierte. Auf diesem konnte er sich sehr weit nach vorn beugen – eine strömungsdynamisch günstige Position. Außerdem

---

2 www.inscyd.com

trug er einen Tropfenhelm. LeMond holte nicht nur den Rückstand auf, sondern gewann sogar mit 58 Sekunden Vorsprung. Sein Sieg war der knappste in der Geschichte der Tour.

Wie sehr die Sitzposition den Strömungswiderstand beeinflusst, kann man selbst am besten beim Bergabfahren erleben. Die gewieftesten Radrennfahrer lassen sich auf dem Oberrohr zwischen Lenkrad und Sattel nieder, bringen ihren Hals nah an den Lenker heran und bilden so einen unbequem aussehenden menschlichen Klumpen mit ziemlich wenig Strömungswiderstand.[3] Einige dieser Sitzpositionen sind allerdings inzwischen verboten, weil das Verletzungsrisiko so hoch ist.

Wer noch schneller bergab sausen will und sich in die Lage versetzen möchte, bergab sogar feste in die Pedale tretende Konkurrenten abzuhängen, ohne sich anzustrengen, muss Folgendes tun: Legen Sie sich mit der Hüfte auf den Sattel, bringen Sie Ihren Körper in eine exakt waagerechte Position mit dem Kopf nach vorne voraus. Diese Position reduziert den Luftwiderstand noch einmal deutlich und wurde von den Autoren der Studie »Superman« getauft.

3 Journal of Wind Engineering and Industrial Aerodynamics, Volume 181, October 2018, 27–45.

Im Wettkampf ist der »Superman« allerdings verboten, und für eine Radtour ist er auch nicht geeignet. So ist es uns nach viel Recherche, Rechnen und Radeln leider nicht gelungen, den Gegenwind komplett zu besiegen. Aber wir konnten den einen oder anderen Etappensieg erringen und sind zumindest schlauer als vorher. Folgende Tipps können wir Gegenwindhassern geben:

- Eng anliegende Kleidung kann die Luftreibung reduzieren. Außerdem schmerzt der Hintern in der gepolsterten Radlerhose weniger.
- Lenken Sie sich ab vom mühsamen Strampeln gegen den Wind. Rechnen Sie stattdessen aus, wie der Strömungswiderstand sich verändert, wenn man 2 km/h schneller oder langsamer fährt.
- Planen Sie Ihre Touren schlau: Bringen Sie, wenn möglich, die unangenehmen Passagen (garantierter Gegenwind oder bergauf) zuerst hinter sich – wenn Sie am Ende erschöpft sind, ist es nur noch schlimmer. Und mit Rückenwind anzukommen fühlt sich einfach besser an.
- Fühlen Sie sich als Held bzw. Heldin: Sie haben nicht nur akzeptiert, dass die Physik beim Radfahren gegen Sie ist, sondern auch verstanden, warum. Und Sie fahren trotzdem weiter.

Alltags-Störfaktor
Lifehack-Faktor
Katastrophenpotenzial

Für Klugschnacker - Seitenwind kommt manchmal von vorne!

Stellen Sie sich vor, Sie fahren mit 20 km/h die Straße entlang. Bei Windstille beträgt der Luftwiderstand durch den Fahrtwind 10 Newton (siehe oben). Lassen wir nun dazu Wind mit 20 km/h pusten, und zwar genau von der Seite.

Wie addieren sich Fahrtwind und Seitenwind zum relativen Wind?

Wenn der Wind von der Seite kommt, verlaufen Fahrtwind und Seitenwind nicht mehr entlang einer Linie, und man kann sie nicht einfach addieren, um den relativen Wind zu errechnen. Wir müssen auf eine Formel zurückgreifen, die den meisten wahrscheinlich ewig im Gedächtnis bleiben wird: $a^2 + b^2 = c^2$, den Satz des Pythagoras. Ihn können wir benutzen, weil Fahrtwind (a) und Seitenwind (b) rechtwinklig zueinander stehen. Wenn man das einsetzt, erhält man $400\ (km/h)^2 + 400\ (km/h)^2 = 800\ (km/h)^2$. Daraus die Wurzel gezogen, ergibt ca. 28 km/h, und das ist der relative Wind. Ein bisschen stärker als der Fahrtwind, aber auch ein bisschen schwächer, als wenn der wahre Wind von vorne käme. Der so addierte Wind ist also etwa 1,4-mal stärker.

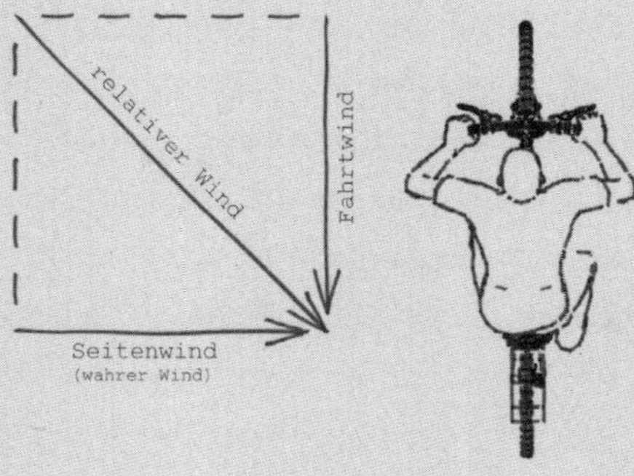

Welche Kraft übt der Wind jetzt auf uns aus?
Die Berechnung des Windwiderstandes erfolgt mit dieser Gleichung: $F = ½\ c_W A\ \rho\ v_r^2$.
c_W ist der bei Autoliebhabern bekannte c_w-Wert, der die Stromlinienförmigkeit des Fahrzeuges widerspiegelt. A ist die Angriffsfläche des Windes, also die Fläche des Fahrrades inklusive Fahrer, wenn man von vorne, genau aus Windrichtung guckt. ρ ist die Dichte der Luft. Die muss auch mit eingehen, denn wo weniger Luft ist, z.B. in den Bergen, gibt es auch weniger Luftwiderstand. v_r schließlich ist die Geschwindigkeit des relativen Windes und wird, das ist wichtig und lästig, quadriert. Wenn wir folgende Werte annehmen ($c_W = 1{,}2$, $A = 0{,}55\ m^2$, $\rho = 1{,}2\ kg/m^3$ und $v_r = 28\ km/h = 7{,}8\ m/s$) kommt man auf einen Windwiderstand von 20 Newton.

Wie doll muss ich jetzt strampeln?

Der ausgerechnete Windwiderstand wirkt in der Richtung des relativen Windes, also diagonal nach hinten. Um herauszubekommen, wie sehr er unsere Fahrt nach vorne bremst, müssen wir die Kraft zerlegen in eine Komponente, die seitlich wirkt, und eine, die nach hinten wirkt. Genau anders herum als bei der Addition der beiden Winde oben. Wenn wir das machen, erhalten wir für den Windwiderstand in Fahrtrichtung gerade $F_{vorne} = F / 1{,}4 = 14$ Newton. Die 1,4 ergeben sich genau daraus, dass wir die Kräfte im gleichen Dreieck zerlegen mussten wie oben die Winde.

Fazit der Rechnung: Obwohl der Seitenwind selbst kein Stück von vorne kommt, erhöht er doch den Strömungswiderstand entgegen der Fahrtrichtung von 10 Newton auf 14 Newton. Das nervt!

Toastbrot im Weltall

Wie ein Mann versuchte, die Explosion der Challenger zu verhindern – und warum Elastomere es gern warm haben

Stellen Sie sich vor, Sie sind Polizistin und stehen an einer Kreuzung. Ein Auto hält, und der Fahrer fragt Sie nach dem Weg: Soll er rechts oder links abbiegen? Sie kennen die Gegend, und Sie wissen: Der richtige Weg ist rechts. Links geht es auf einen Abgrund zu, das Auto wird hinabstürzen, und der Fahrer wird sterben. Natürlich zeigen Sie nach rechts. Vielleicht holen Sie sogar Ihr Handy heraus und zeigen dem Fahrer auf einer Karte, dass der linke Weg in die Katastrophe führt. Der Fahrer schaut verärgert, beschimpft Sie – und biegt links ab. Sie können nur hilflos zusehen, wie der Wagen an der Klippe zerschellt.

Roger Boisjoly war kein Polizist, sondern Ingenieur. Aber er hat etwas sehr Ähnliches erlebt, und es hat sein Leben für immer verändert. Die Geschichte beginnt im Jahr 1985 mit ein paar Gummiringen, die Roger Boisjoly im Auftrag seines Arbeitsgebers in Augenschein nehmen sollte. Der Arbeitgeber, die Firma Morton Thiokol, baute unter anderem Feststoffraketen für die NASA. Diese Raketen, auch Booster genannt, waren gefüllt mit einer Mischung verschiedener Stoffe (unter anderem Ammoniumperchlorat, Aluminium und Eisenoxid). Sie lieferten den Hauptantrieb, um das Spaceshuttle der NASA ins All zu befördern. War der Treibstoff verbrannt, lösten sich die Booster vom Spaceshuttle – das Shuttle flog weiter, die Boosterraketen stürzten ins Meer, wo sie geborgen und untersucht wurden.

Für eine solche Untersuchung war Roger Boisjoly nach Florida gefahren. Nun hielt er die Dichtungsringe aus den Boostern der Raumfähre Discovery in den Händen und »bekam fast einen Herzinfarkt«, wie er später dem *Guardian* sagte. Denn die Gummiringe waren nicht mehr hell, honigfarben und elastisch, sondern dunkel verfärbt und voller Narben, als hätte jemand Stücke herausgebissen. Für den erfahrenen Ingenieur war klar: Hier war heißes Gas am Werk gewesen – genau das Gas, das die Dichtungsringe hätten abhalten sollen. Die Ringe waren so ramponiert, dass Boisjoly sich wunderte, dass die Discovery nicht abgestürzt war.

Jetzt fragen Sie sich vielleicht, wofür eine Raumfähre Dichtungsringe braucht, sie ist ja kein Einweckglas. Tatsächlich aber haben ein Einweckglas und ein Raumschiff gewisse Ähnlichkeiten. In beiden sorgen Dichtungsringe dafür, dass die Teile eng verbunden bleiben. Wenn Sie den Deckel eines Einweckglases ohne Gummiring schließen (wir meinen diese nostalgischen Gläser, bei denen die Deckel mit einer Metallklammer am Glas befestigt sind und um deren Deckel man einen breiten, flachen Gummiring legt), wird er immer wackeln, denn Glas und Deckel sind hart und lassen eine Ritze zwischen sich frei.

So ist das auch bei einer Boosterrakete. Sie wird in vier Teilen gefertigt. Jeweils zwei werden bei der Herstellerfirma bereits vormontiert; die Techniker der NASA fügen die beiden angelieferten Hälften dann vor Ort zusammen und verankern sie ineinander. Und zwischen diesen Teilen befinden sich die Dichtungsringe, die dafür sorgen, dass keine Lücke entsteht, auch wenn sich die abzudichtenden Teile geringfügig verformen. Sie sehen aus wie ein »O« und laufen einmal um die ganze Rakete herum. Deshalb nennt man sie auch O-Ringe. Die Verankerung der beiden Raketenteile wird mit zwei übereinanderliegenden O-Ringen abgedichtet – oder, wie im Fall der Discovery, eben nicht.

Sofort informierte Roger Boisjoly die NASA über seinen Fund und natürlich seine eigene Firma, Morton Thiokol. Dann machte er sich daran herauszufinden, was die Ursache für die beschädigten Dichtungen war. Könnten die Ringe verdreht gewesen sein? Unwahrscheinlich – bei einem Test drehten sie sich sofort von selbst wieder zurück.

Was könnte es dann gewesen sein? Boisjoly und seine Kollegen bauten einen recht einfachen Versuch auf: Sie legten einen Dichtungsring zwischen zwei Metallplatten und quetschten ihn leicht ein. Dann lockerten sie den Druck und beobachteten, ob der Ring den Kontakt zu beiden Platten hielt. Solange es warm war (die Ingenieure experimentierten mit 100 Grad Fahrenheit, also 37,7 Grad Celsius), schafften die Dichtungsringe das mühelos. Doch je kühler die Ringe waren, desto langsamer dehnten sie sich aus. Bei 75 Grad Fahrenheit (23,8 Grad Celsius) brauchten sie bereits 2,4 Sekunden, um den Kontakt wiederherzustellen. Das ist für diesen Einsatzzweck eine unfassbar lange Zeit. Viel, viel zu lang. Schon bei einer Fünftelsekunde ohne Kontakt gibt es Probleme.

Zum Schluss versuchten die Ingenieure es bei 50 Grad Fahrenheit, also 10 Grad Celsius: »Nach zehn Minuten haben wir aufgehört, zu messen«, erinnert sich Roger Boisjoly. Er und seine Kollegen hatten das Problem gefunden: Als die Discovery gestartet war, hatte die Außentemperatur 11,6 Grad Celsius betragen. Die Dichtungsringe waren steif vor Kälte. Der erste Ring hatte sich nicht ausgedehnt, und heißes Verbrennungsgas war an ihm vorbeigeströmt, ein Blowby, wie das in der Raumfahrt heißt. Glücklicherweise hatte der zweite Ring das Gas aufgehalten und eine Katastrophe verhindert.

Warum Sommerreifen bei Frost steif werden

Sie können den Versuch der Ingenieure leicht zu Hause nachmachen, indem Sie Haushaltsgummis längs über ein Lineal spannen und ins Gefrierfach legen. Nachdem Sie sie wieder herausgeholt und vom Lineal gelöst haben, brauchen die Gummis eine ganze Weile, bis sie wieder auf ihre ursprüngliche Größe geschrumpft sind. Denn

Gummis sind Elastomere. So bezeichnet man Kunststoffe mit besonders elastischen Eigenschaften. Wie alle Kunststoffe bestehen sie aus ineinander verknäulten Molekülketten. Sie können sich das so ähnlich vorstellen wie einen Teller voller gekochter Spaghetti (in unserem Buch *Physik ist, wenn's knallt* finden Sie das ausführlich beschrieben, inklusive Experimente zum Selbermachen). Die Molekülketten im Elastomer sind – anders als Spaghetti – an vielen einzelnen Stellen miteinander verbunden. Das ist Absicht, denn nur so kann das Gummi sich ausdehnen und danach wieder in seine ursprüngliche Form zurückfinden. Um das zu erreichen, wird Naturkautschuk z.B. mit Schwefel versetzt, um Brücken zwischen den langen Molekülen zu bilden.

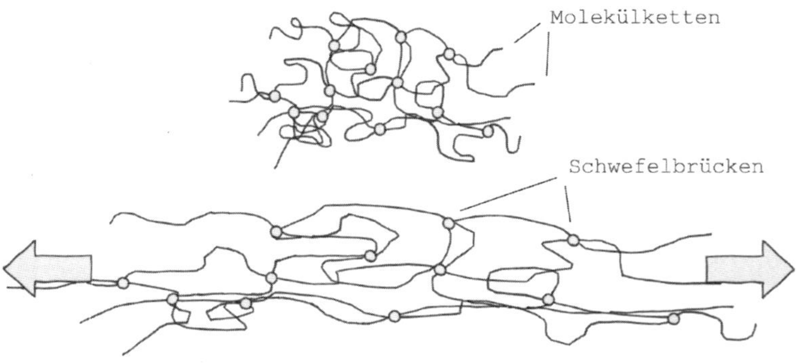

So schwuppt das Gummi, wenn es verformt wird, wieder in den ursprünglichen Zustand zurück. Ziel erreicht. Aber: Wenn Elastomere verformt werden und wieder in ihren Ausgangszustand zurückwollen, müssen die Molekülketten beweglich sein. Diese Beweglichkeit hängt von der Temperatur ab. Wenn es nun sehr kalt ist, sind die langkettigen Moleküle in den Elastomeren weniger beweglich – und brauchen länger, um sich zurückzuformen.

Eine weitere Eigenschaft von Elastomeren verschärft das Problem. Wenn sie verformt werden (also beispielsweise von zwei Raketenteilen zusammengedrückt), geben sie Wärme an die Umgebung ab. Wenn sie sich aber wieder entspannen, müssen sie Wärme aus der Umgebung aufnehmen. Ist die Umgebung kalt, steht dafür nicht genug Wärme zur Verfügung. Das Entspannen wird stark verlangsamt oder kommt sogar zum Stehen.

Das Verhalten der Elastomere bei Temperaturschwankungen ist unterschiedlich, je nach Rezeptur. Die Sommerreifen unseres Autos beispielsweise werden bei kühlen Temperaturen eher steif und haben möglicherweise nicht mehr genügend Haftung auf der Straße. Winterreifen bestehen aus einer anderen Kautschukzusammensetzung und bleiben auch bei niedrigeren Temperaturen flexibel.

Um für die Raumfahrt geeignet zu sein, muss ein Kunststoff vor allem zwei Dinge können: Er muss sehr viel Hitze aushalten, und er muss sich schnell ausdehnen. Denn die Dichtungsringe sitzen ja zwischen beiden Teilen der Feststoffrakete. Sie sorgen dafür, dass keine Ritzen entstehen, durch die heißes Verbrennungsgas entweichen könnte. Der Kontakt zwischen Gummiring und den Teilen der Rakete muss also jederzeit bestehen bleiben! Beim Kunststoff der Raketen-Dichtungsringe handelt es sich deshalb um ein Fluor-Elastomer (Fluor-Kautschuk oder abgekürzt FKM). Es besteht aus langen Kohlenstoffketten, an denen Fluor haftet. Fluor geht sehr stabile Verbindungen ein, weswegen es besonders hitzestabil ist. Auf Kälte aber sind diese Elastomere nicht eingestellt. Bei kalten Temperaturen büßen sie schnell ihre Dehnbarkeit ein.

Gefahr erkannt, Gefahr gebannt, könnte man nun denken. Raumfähren mit diesen Dichtungsringen müssen einfach bei höheren Temperaturen starten, ist in Florida ja kein Problem. Boisjoly informierte seine Vorgesetzten bei Morton Thiokol und hielt die Sache für erledigt. Doch die nächste NASA-Mission war bereits in Planung: Die Raumfähre Challenger sollte ein halbes Jahr später abheben, um im All einen Kommunikationssatelliten auszusetzen. Im Januar – erwartungsgemäß nicht gerade der wärmste Monat.

Und genauso sehr, wie Roger Boisjoly diesen Start verhindern wollte, wollten andere ihn durchsetzen.

Boisjoly merkte das daran, dass nach seiner Information erst mal wenig passierte. Wenn man sich im Internet den Vortrag ansieht[4], den er später an zahlreichen Universitäten gehalten hat, ist ihm anzumerken, wie sehr ihn das auch lange nach den Ereignissen mitnimmt: Boisjoly ist ein großer, kräftiger Mann, schwer bewaffnet mit Zahlen und Daten. Ein Ingenieur, der zeit seines Lebens auf der Basis von Fakten entschieden und damit Verantwortung getragen hat. Denn an einer Weltraummission hängen Menschenleben und sehr viel Geld. Und nun rückte der geplante Start der Challenger näher, und niemand reagierte auf seine Daten! Boisjoly konnte es nicht glauben.

Ende Juli 1985 schrieb er schließlich ein Memo an die Manager von Thiokol, in dem er »eine Katastrophe« vorhersagte. »Es ist meine ehrliche und sehr reale Angst«, schrieb er, »dass wir, wenn wir nicht unmittelbar handeln, es riskieren, einen Flug zu verlieren. Das Resultat wäre eine Katastrophe und der Verlust von Menschenleben.«

Endlich bewegte sich etwas: Eine Taskforce wurde gegründet, wenn auch nur bestehend aus fünf Ingenieuren. Unterstützung aus dem Management, so Boisjoly, gab es nicht. Und auch die Erkenntnisse änderten sich selbstverständlich nicht: Bei niedrigen Temperaturen waren die Dichtungsringe zu steif, um sich auszudehnen.

Die Raumfähre Challenger sollte am 27. Januar 1986 starten. Für diesen Tag waren am Kennedy Space-Center Minustemperaturen angesagt. Minusgrade! Noch nie hatte die NASA bei so einer Kälte

---

4 Wenn Sie einen Vortrag sehen möchten, suchen Sie am besten nach Stichwörtern wie »Unethical Decisions – The Causes of the Space Shuttle Challenger Disaster« und »Roger Boisjoly«.

eine Rakete starten lassen. Roger Boisjoly und seine Ingenieurskollegen kannten ihre Daten. Für sie war klar, was ihnen blühte: eine gigantische Explosion direkt auf der Startrampe.

Die zwischen zwei eng aneinanderliegenden Teilen eingequetschten O-Ringe mussten unter allen Umständen in der Lage sein, sich auszudehnen, wenn durch den extrem hohen Druck in den Raketen oder nicht vorhersehbare Erschütterungen kleine Lücken zwischen den Bauteilen auftreten würden. Bei Minusgraden ist das Elastomer aber eben kein Elastomer mehr und kann die Lücken nicht schließen. Durch die niedrigen Temperaturen fehlte die für die Wieder-Ausdehnung benötigte Energie. Noch ein weiteres Problem kam hinzu: Kunststoffe lassen sich *generell* nur verformen, wenn die Molekülketten warm genug sind. Nur dann können diese sich ein winziges bisschen hin und her bewegen und verharren nicht in einer eingefrorenen Position. Kühlt man einen Kunststoff[5], erreicht man irgendwann die Glasübergangstemperatur – die Temperatur, bei der er nicht mehr flüssig oder flexibel ist, sondern hart und spröde, wie Glas eben. Oberhalb dieser Temperatur ist der Kunststoff mehr oder weniger weich, darunter nicht mehr. Deshalb nennt man die Glasübergangstemperatur auch Erweichungstemperatur.

Wir haben dieses Phänomen einmal mit einem Stück Gummischlauch nachgestellt. Mit flüssigem Stickstoff haben wir den Schlauch heruntergekühlt auf -196 Grad, und dann haben wir mit einem Hammer draufgehauen. Der Schlauch zersplitterte spektakulär in tausend Teile.

Sie selbst haben wahrscheinlich keinen flüssigen Stickstoff zu Hause. Glücklicherweise haben wir versehentlich ein ähnliches Experiment für Sie entdeckt, das jeder nachmachen kann. Und zwar mit einer Packung Toast. Wir kaufen Toast immer auf Vorrat und

---

5 Das gilt für Kunststoffe, die nicht vollständig kristallin vorliegen.

frieren ihn ein, denn mit sechs Personen im Haushalt ist eine Packung schnell verfrühstückt. Weil wir zu faul sind, den ohnehin in Plastik verpackten Toast noch zusätzlich in einen Gefrierbeutel zu stecken, legen wir ihn einfach so ins Gefrierfach. Der Toast übersteht das problemlos – aber nicht seine Verpackung. Die wird bei Minusgraden rissig. Man kann sie einfach durchbrechen!

Unser Gefrierschrank steht im Waschkeller, und wenn man mit der einen Hand einen vollen Wäschekorb auf der Hüfte balanciert, kann man mit der anderen Hand gerade noch den Toast packen und ihn aus dem Gefrierschrank ziehen. Tja, und wenn man die gefrorene Packung dann nur am vorderen Teil festhält, sagen wir, hinter den ersten vier Scheiben, dann kracht sie einfach durch. Und die gefrorenen Toastscheiben klackern auf den Kellerboden.

Das hätten wir wissen können, wenn wir die Warnung auf der Website von »Golden Toast« gelesen hätten. Dort steht, unter einem wirklich appetitlichen Foto von jeder Menge frisch aufgetauter Toastscheiben: »Verwende zum Einfrieren einen Gefrierbeutel oder Gefrierfolie, da unsere Verpackungsfolie bei den eisigen Temperaturen an Flexibilität verliert und somit reißen könnte. Achte darauf, das Produkt fest mit Gefrierfolie zu umwickeln oder in einen passenden Gefrierbeutel mit dem Hinweis ›gefriergeeignet‹ zu stecken.« Tja – Warnung nicht beachtet, Pech gehabt. Denn Golden Toast wird in einer Verpackung aus PP (Polypropylen) geliefert, während Gefrierbeutel aus PE (Polyethylen) bestehen. PP besteht ebenso wie PE aus langen Molekülketten. Im Polypropylen bilden diese aber immer wieder kleine Bereiche, in denen sie sehr geordnet, also kristallin vorliegen. Dadurch ist der Stoff in seiner Beweglichkeit stark eingeschränkt, und die Glasübergangstemperatur liegt zwischen 0 Grad Celsius und 10 Grad Celsius. Also Gefrierschranktemperatur. Nicht geeignet für einen Balanceakt der gefrorenen Toastpackung auf dem Wäschekorb.

Höllisch gekämpft

Das ist natürlich eine lächerliche Konsequenz im Vergleich mit dem, was Roger Boisjoly befürchtete: Die Dichtungsringe der Challenger würden direkt auf der Startrampe ihren Dienst versagen, heißes Verbrennungsgas würde ausströmen und die Tanks mit dem Flüssigbrennstoff zum Explodieren bringen. Erneut warnten er und seine Kollegen vor einem Start bei so kaltem Wetter. Oder, wie Boisjoly es später einem Reporter gegenüber beschrieb: »Ich habe höllisch gekämpft, um das zu verhindern.«

Einen Tag noch bis zum Start. Zwischen Ingenieuren und Managern von Thiokol und NASA wurden hastig Telefonkonferenzen angesetzt (Telefon, nicht Video, es war 1986!). Die NASA bat um eine Präsentation – so kurzfristig, dass Roger Boisjoly seine Daten nur handschriftlich mitbringen konnte. Dennoch, da war er sicher, waren es genug Fakten, um den Flug zu stoppen. Temperaturangaben für eine Startempfehlung hatte er absichtlich weggelassen, denn inzwischen, so sagt es Boisjoly, hatte er Bedenken bei allen Temperaturen, die nicht wirklich warm waren. Schon 11,6 Grad waren ja zu kalt gewesen, und nun war Winter! »Das Material wird wie Stein, wenn es friert.«

Im Alltag kennen wir das Problem eher, wenn wir Kunststoffe zu heiß werden lassen. Beim Bügeln zum Beispiel. In vielen Klamotten sind ja Kunstfasern verarbeitet, meistens Polyester oder Polyamid. Sie sind weich, bleiben gut in Form und trocknen schnell. Deshalb eignen sie sich besonders für Sportkleidung. Polyester hält auch relativ viel Hitze aus (der Schmelzpunkt liegt bei 235–260 Grad), aber wenn man mit einer Trainingshose aus Polyester in der Sporthalle hinfällt und über den Boden rutscht, kann es wegen der Reibung schon mal Brandlöcher geben. Polyamid dagegen ist sehr hitzeempfindlich, und schon eine 60-Grad-Wäsche kann zum Problem werden.

Für die Challenger bestand aber das Problem in der Kälte. Sechs Stunden dauerte die Telefonkonferenz am Tag vor dem Start der Challenger. Die Ingenieure argumentierten, lieferten Fakten, beantworteten Fragen. Roger Boisjoly schien es, als seien die Projektmanager bei Thiokol überzeugt: kein Start. Aber dann drehte sich die Stimmung. »Ich bin entsetzt von Ihrer Empfehlung«, habe einer der NASA-Programmmanager gesagt. Und ein anderer setzte nach: »Wann sollen wir denn starten – nächsten April?«

Die Thiokol-Manager baten um eine Unterbrechung der Sitzung. Fünf Minuten wollten sie sich ohne die NASA beraten. Roger Boisjoly erinnerte sich so daran: »Kaum war der Mute-Knopf gedrückt, sagte einer der Thiokol-Manager mit leiser Stimme zu den anderen: ›Wir müssen jetzt eine Management-Entscheidung treffen.‹« Eine halbe Stunde lang trugen die Manager laut Boisjoly eine Liste mit Punkten zusammen, die einen Start rechtfertigen würden. Das wichtigste Argument auf der Liste: Die Daten der Ingenieure seien nicht aussagekräftig.

Die Ingenieure im Raum wurden nicht in die Diskussion einbezogen. Irgendwann sei er aufgestanden, erinnert sich Roger Boisjoly, und zu den Managern hinübergegangen. Vor sie auf den Tisch warf er Fotos der zerstörten Dichtungsringe aus der Discovery: »Ich habe sie förmlich angeschrien, je niedriger die Temperatur, desto mehr Blow-by!« Es nützte nichts. Hinterher wurde der Vizepräsident von Thiokol mit der Aufforderung zitiert: »Take off your engineering hat and put on your management hat.«

Thiokol wollte den wichtigen Kunden NASA nicht verprellen – und die NASA wollte den Start nicht verschieben. Er war schon mehrmals aufgeschoben worden, wegen schlechten Wetters, einer anderen Mission und technischen Problemen. Ein weiterer Aufschub, fürchtete man, würde am Image kratzen. Und so nahm die NASA die Zusage von Thiokol dankbar an. Als die Manager ihre neue Entscheidung verkündeten, gab es keine einzige Rückfrage.

Die Telefonkonferenz war innerhalb von Minuten beendet. Ein Sieg des Wollens über die Fakten.

Am nächsten Tag, dem 28. Januar 1986, stiegen sieben Frauen und Männer in die Challenger und ließen sich in ihren Sitzen festschnallen – bei strahlendem Sonnenschein, aber nur zwei Grad. An den Gerüsten der Startrampe hingen Eiszapfen. Unter den Astronauten war Christa McAuliffe – eine Lehrerin. Sie hatte sich bei der NASA für das Programm »Teacher in Space« beworben und war aus 11.000 Kandidaten ausgesucht worden. Aus dem Weltall sollte sie über das Fernsehen zwei Unterrichtsstunden abhalten. Die erste Zivilistin, die die NASA ins Weltall fliegen lässt! Amerika fieberte mit ihr mit. Als die Challenger startklar gemacht wurde, saßen ungefähr 17 Prozent der US-Amerikaner live vor dem Fernseher.

Roger Boisjoly war zunächst nicht dabei. Er hatte sich entschieden, den Start nicht anzusehen. Immer noch war er sicher, dass die Challenger nicht einmal von der Startplattform abheben, sondern wegen der steifen Dichtungsringe direkt explodieren würde. Aber einer seiner befreundeten Kollegen hatte eine Tochter, die noch nie einen Start gesehen hatte, und als die beiden ihn fragten, ob er mit dabei wäre, sagte er zu. Der Countdown lief, unter dem Jubel der Zuschauer hob die Challenger ab. »Wir haben gerade eine Kugel abgefeuert«, flüsterte Roger Boisjoly seinem Freund zu. Sie sahen auf die Uhr, zählten die Sekunden, erwarteten die Katastrophe. Sekunde um Sekunde passierte nichts. Als die Raumfähre eine Minute in der Luft war, schickte Boisjoly ein Dankgebet zum Himmel: »Wir haben es geschafft!«

Dreizehn Sekunden später passierte es: Genau 73 Sekunden nach dem Start, die Challenger befand sich in 15 Kilometer Höhe, sahen Boisjoly und seine Kollegen, dass sich eine Boosterrakete vom Shuttle zu trennen schien. Sein erster Gedanke: Das ist zu früh, das sollte erst nach 120 Sekunden passieren. Dann war der Fernsehbildschirm ein Feuerball. Eine Boosterrakete fiel inmitten von Rauch und Feuer in Richtung Erde. Vom Shuttle selbst war zunächst nichts zu sehen. Auf Film- und Tonaufnahmen ist das Entsetzen der Kommentatoren spürbar, und auch die NASA-Mitarbeiter am Boden waren erschüttert. »Das Shuttle ist explodiert«, hieß es dann aus dem Kontrollraum.

Aber das war nicht der Fall. Stattdessen war passiert, was Boisjoly befürchtet hatte: Wenige Sekunden nach dem Start versagte einer der Dichtungsringe, an der Seite entstand ein Leck. Durch dieses Leck trat heißes Verbrennungsgas aus. Allerdings verschloss sich das Leck offenbar zunächst wieder (möglicherweise mit heißer Schlacke). Sonst wäre die Challenger wohl gar nicht von der Startrampe weggekommen. Zum Unglück der Astronauten hielt der Schlackepfropfen aber nicht. Vermutlich löste er sich, als das Shuttle eine starke Windböe durchflog. Heiße Gase traten aus und trafen die Verbindung des Boosters mit dem mit Wasserstoff gefüllten Außentank. Flüssiger Sauerstoff und Wasserstoff traten aus – und dehnten sich sofort stark aus. Dadurch wirkte der Unfall wie eine Explosion. Untersuchungen ergaben später, dass weitere Aspekte ebenfalls eine Rolle spielten, doch dieses war die Hauptursache.

Die Kapsel, in der die Astronauten saßen, explodierte nicht. Aber sie ließ sich auch nicht von der Crew kontrollieren. Die Stromversorgung fiel aus, die Kapsel prallte mit ungeheurer Kraft auf die Meeresoberfläche und versank. Erst im März wurde sie gefunden, mit allen sieben Besatzungsmitgliedern darin.

Als das passierte, hatte Roger Boisjoly furchtbare Wochen hinter sich. Er wurde in ein Untersuchungsteam berufen, hatte aber nicht den Eindruck, dass der wahre Grund für die Katastrophe offengelegt werden sollte. Als die »Presidential Commission« von Präsident Reagan die Thiokol-Ingenieure befragte, so Boisjoly in seiner Vorlesung, seien sie angewiesen worden, die Fragen nur knapp zu beantworten. Er entschied sich, diese Anweisung nicht zu befolgen. Statt nur mit »Ja« oder »Nein« zu antworten, gab er der Kommission seine Unterlagen inklusive des Memos, in dem er vor einer Katastrophe gewarnt hatte.

Held oder Verräter

Für die einen wurde Roger Boisjoly damit zum Helden. Seine Unterlagen ermöglichten es der Untersuchungskommission, den wahren Grund für den Absturz der Challenger herauszufinden. Im Juni 1986 legte die Untersuchungskommission ihren Bericht vor, in dem sie die NASA hart kritisierte und die Ringe als Ursache für die Katastrophe benannte (berühmt ist die Szene, in der Richard Feynman, Nobelpreisträger für Physik, Teile eines Dichtungsrings in ein Glas mit Eiswasser legt, um zu zeigen, wie hart und fest er bleibt. Ein Experiment sagt mehr als tausend Worte). Der Bericht enthält auch bis dahin unveröffentlichte Fotos, auf denen zu sehen ist, dass schon Sekunden nach dem Start kleine Rauchwolken aus der unteren Verbindungsstelle der rechten Boosterrakete austreten. Diese Wolken werden schließlich zur Flamme, die den Treibstofftank in Brand setzt.

Das Shuttle-Programm der NASA wurde vorübergehend eingestellt. Die *American Association for the advancement of science* verlieh Roger Boisjoly einen Preis, den »Award for Scientific Freedom and Responsibility«.

Aber er zahlte auch einen Preis. Denn für seine Kollegen war Roger Boisjoly ein Verräter. Jemand, der den Ruf der Firma Morton Thiokol in den Dreck zog und damit Arbeitsplätze gefährdete. Dass er in Utah in einer Stadt wohnte, in der Morton Thiokol der wichtigste Arbeitgeber war, verschlimmerte die Lage noch. Bei der Arbeit selbst fühlte Boisjoly sich isoliert. Zwar wurde er nicht entlassen, bekam aber keinen Zugang mehr zum Raumfahrtprogramm. Er litt unter Kopfschmerzen, Schlafstörungen und Depressionen,

Ärzte diagnostizierten eine posttraumatische Belastungsstörung. Während Kollegen und Nachbarn ihn verurteilten, weil er zu viel gesagt habe, machte er sich Vorwürfe, zu wenig getan zu haben. Schließlich verließ er Morton Thiokol und machte sich als Berater selbstständig. In seinen Vorträgen diskutierte er immer wieder das wichtigste Thema seines Lebens: Ethik in Natur- und Ingenieurwissenschaften. Studierenden an zahlreichen Universitäten erklärte er: »Wenn man die Wahrheit ausspricht, ist es nicht immer leicht, aber man hat ein reines Gewissen und schläft nachts gut.«

Beeindruckt haben uns an dieser Geschichte zwei Dinge: Dass ein so kleines Teil wie ein Dichtungsring aus Gummi so wesentliche Auswirkungen haben kann. Und dass nicht die Naturgesetze der NASA und den Ingenieuren das Leben schwer gemacht haben, sondern das Ignorieren derselben. Bei welcher Temperatur ein Kunststoff sich dehnt oder steif wird, ist nicht verhandelbar – ebenso wenig wie die Schwerkraft, elektrostatische Aufladung, der Treibhauseffekt oder andere physikalische Phänomene. Wir tun gut daran, das zu akzeptieren.

Alltags-Störfaktor
Lifehack-Faktor
Katastrophenpotenzial

Hallo? Hallo?? Bist du noch dran?

Warum es so schwer ist, Funklöcher zu stopfen

Ein Telefongespräch aus dem ICE von Berlin nach Köln: »Hallo? Hallo?? (kurzer, prüfender Blick aufs Handy) … Ich bin hinter Berlin, kann sein, dass ich gleich weg bin … Hallo? … Du warst gerade kurz weg (Handy wird fest ans Ohr gedrückt) … Hallo? … (Stimme wird lauter) … Ich melde mich noch mal, wenn wir am nächsten Bahnhof halten, okay?«

Boah. Im Handyabteil des ICE, wo nicht ein solches Gespräch stattfindet, sondern viele, kann die Fahrt schon anstrengend werden – zumal wir alle dazu neigen, unwillkürlich lauter zu sprechen, wenn wir befürchten, die Verbindung sei abgerissen. Das nützt natürlich überhaupt nichts, passiert aber einfach. Was bitte ist so schwer daran, flächendeckend für Handyempfang zu sorgen? Wieso fallen wir in manchen Regionen alle paar Kilometer in ein Funkloch, und was könnte man dagegen tun?

Unsere Neugier auf dieses Thema erwachte bei einem Seminar in einem Tagungshaus in Niederbayern. Was das eigentliche Thema war, haben wir vergessen, aber wir wissen noch sehr gut, was in den Pausen passierte. Die Gruppe sprang auf, drehte sich im Kreis, schwenkte die Arme, lief nach rechts und links. Bis einer rief: »Hier!« Dann stürzten alle zu ihm und drängten sich zusammen, wie beim Kindergeburtstag, wenn Reise nach Jerusalem gespielt wurde. Nur wollten sie keinen Stuhl, sondern etwas viel Kostbareres: Handyempfang. Nach jedem Ausdruckstanz und jedem Abendspaziergang zum Hügel, auf dem zumindest diejenigen, die im Netz der Deutschen Telekom waren, noch Empfang hatten, wurde die Stimmung gereizter. Der Kursleiter begann, sich in jeder Pause einen

Wacholderschnaps zu genehmigen – vielleicht hätte er sonst nur seine Nachrichten gecheckt.

Jeder, dem wir diese Geschichte erzählen, hat eine eigene beizusteuern. Deutschland scheint aus einer Anhäufung von Funklöchern zu bestehen, ein Schweizer Käse der Telekommunikation. In einer Studie der Firma Open Signal, die unter anderem die Erfahrungen von Nutzern mit dem Mobilfunknetz auswertet, landete Deutschland in Sachen Mobilfunk auf Platz 50 von 100 Ländern, hinter Indonesien und Kirgisistan. Besonders schlecht steht es offenbar um die Verbindungsstabilität in ländlichen Gegenden, aber auch mitten in Berlin klafft nach dem Empfinden der Nutzer offenbar ein 4G-Loch. Von mindestens einem Minister geht das Gerücht, er lasse sich aus dem Auto heraus nicht mit ausländischen Kollegen verbinden, es sei ihm zu peinlich, wenn die Verbindung ständig abbreche.

Wie groß das Problem wirklich ist, bleibt unklar, denn eine wissenschaftliche Definition von »Funkloch« gibt es nicht. Reicht es schon, wenn es in einzelnen Straßen kein Netz gibt? Oder muss ein ganzer Ort betroffen sein? Und was ist mit Gegenden, in denen Vodafone-Nutzer kein Netz haben, sondern nur Kunden der Telekom? Klar ist: Flächendeckend richtig rund läuft es nicht mit dem mobilen Telefonieren in Deutschland, vom Streamen ganz zu schweigen. Denn eigentlich wollen wir ja nicht nur lückenlos telefonieren, sondern auch mal an einer Videokonferenz teilnehmen – im Idealfall, während unser selbstfahrendes Auto sich per Internet mit den anderen autonomen Wagen verbindet. Wäre das technisch überhaupt möglich?

Werfen wir einen Blick darauf, was beim Telefonieren passiert: Wenn Sie jemanden anrufen, sendet Ihr Handy elektromagnetische Wellen aus. Die breiten sich im Raum aus, auf der Suche nach dem nächsten Sendemast. »Funkzelle« heißt der Bereich um einen solchen Mast herum, in dem Signale von Handys empfangen werden. Wenn wir mit dem Zug von Berlin nach Köln fahren, hangelt sich unser Handy unterwegs von einer Funkzelle zur anderen. Von dort werden die Signale per Richtfunk oder Kabel weitergeleitet – zu Ihrem Kollegen ins Büro, nach Hause zu Ihren Kindern oder zu ausländischen Ministerkollegen, falls Sie Politiker sind.

Unsere Kinder haben mal angefangen, nach so einer Antenne Ausschau zu halten – und hatten bei ihrer Suche ganz klassisch eine oder mehrere dünne Antennen im Kopf, oder Satellitenschüsseln, die irgendwo auf Häusern stehen müssten. Aber so sehen Mobilfunkantennen gar nicht aus. Sondern eher wie eine dicke Metallstange, an der eine ganze Reihe merkwürdiger länglich-grauer Kästen befestigt ist. Diese Form ist Absicht, denn die Antennen *müssen* länglich sein. In ihnen kommt nämlich ein physikalischer Trick zum Einsatz! In jedem einzelnen Kasten sind mehrere gleiche Sender übereinander angebracht. Würde man nur einen einzelnen Sender nutzen, würde sich das Signal in alle Richtungen gleichmäßig ausbreiten, also nach oben, zur Mitte und nach unten. Ungefähr so, als wenn eine Glühbirne leuchtet. Unterhalb und natürlich auch über der Antenne will man das Signal aber gar nicht haben, schon gar nicht, wenn man in dem Haus unter dem Sender wohnt.

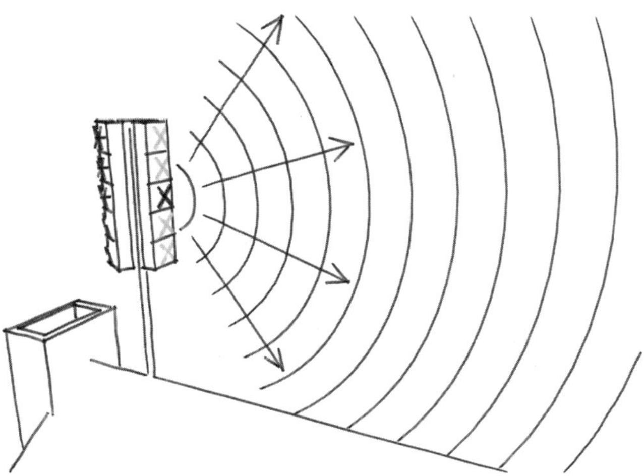

Als Ingenieure stünden wir vor der Frage: Wie können wir das Signal so lenken, dass es sich nicht überall verstreut, sondern möglichst weit geradeaus verläuft? Bei Lampen, deren Licht nicht streuen soll, löst man das Problem mit einem Lampenschirm. Der lässt das Licht nur in die gewünschte Richtung durch. Das ist bei Funkantennen schwierig. Aber es gibt eine einfache und physikalisch spannende Möglichkeit, die Ausbreitung zu steuern: Man lässt die Funkwellen mehrerer Sender aufeinander los, damit sie sich gegenseitig im Zaum halten.

Darum sind an einem Sendemast mehrere Antennen übereinander. Deren Funkwellen überlagern sich. Wenn man sie schlau ausrichtet, verstärken sich die Wellen in seitlicher Richtung, also parallel zum Boden, während sich die Wellenberge und Wellentäler nach oben und unten hin gegenseitig abschwächen oder sogar auslöschen. So kommt die Sendeleistung dort an, wo man sie braucht, nämlich seitlich vom Sender. Sie breitet sich parallel zum Boden aus und kann so weite Strecken zurücklegen – jedenfalls, wenn nichts im Weg steht, wie zum Beispiel Berge, Bäume oder Häuser. Auch 30 km weit draußen auf dem Meer kann man (zumindest vor der deutschen Küste) in der Regel noch telefonieren.

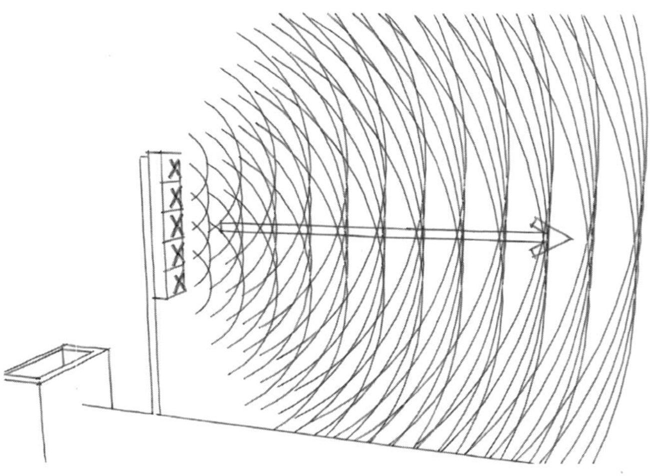

Jetzt haben Sie vielleicht einen Sendemast entdeckt, der besonders weit oben steht (auf einem Hochhaus vielleicht oder auf dem Fernsehturm). Da möchte man ja durchaus, dass das Signal in Richtung Boden gelenkt wird. Klar, wir könnten den Kasten mit den Sendern leicht kippen. Müssen wir aber gar nicht. Wir müssen uns nur das Überlagerungsprinzip zunutze machen. Wenn die Wellen an den unteren Sendern geringfügig verzögert abgestrahlt werden, verstärken sich die Wellen in einem Winkel näher zum Boden, während sie sich dort, wo sie nicht benötigt werden, gegenseitig auslöschen. Wer mal auf einem großen Konzert war, kennt die schmalen, langen Boxen, die rechts und links der Bühne aufgehängt sind. Hier werden ebenfalls fröhlich Wellen überlagert, damit der gute Ton im Publikum und nicht an der Hallendecke landet.

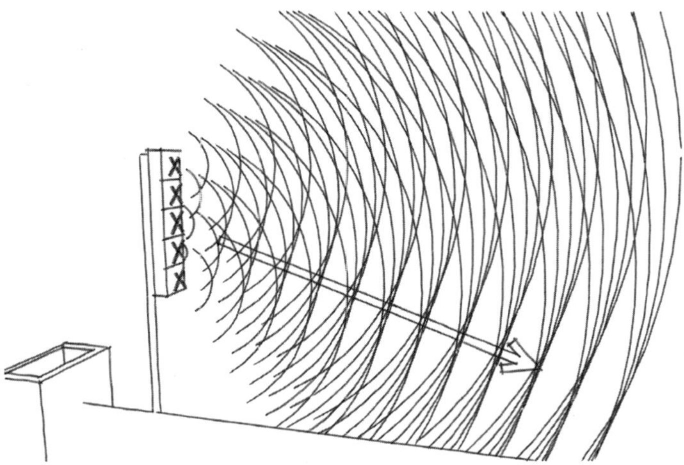

Jetzt wollten wir natürlich unsere persönliche Funkantenne finden. Wo rund um unsere Wohnung könnte der nächste Mast sein? Bei Spaziergängen und auf dem Weg zum Einkaufen starrten wir nach oben, was wahrscheinlich ziemlich bescheuert aussah. Wir vermuteten die Antenne eher im Westen unseres Hauses, denn im Wohnzimmer (nach Osten gelegen) ist der Empfang immer am Schlechtesten.

Gefunden haben wir erst einmal nichts. Also gaben wir die Frage »Wo steht mein nächster Mobilfunkmast« in eine Suchmaschine im Internet ein. Und hurra! Auf der Seite der Bundesnetzagentur kann man genau sehen, wie die Funkzellen verteilt sind (schauen Sie einmal rein, wir waren ganz überrascht, wie detailliert die Ansicht ist).[6] Hier sehen Sie nicht nur die großen Antennen, wie sie oft auf großen Gebäuden montiert werden, sondern auch die zusätzlichen »Small Cells«. Das sind kleinere Antennen, die überall dort aufgebaut worden sind, wo sich extrem viele Menschen aufhalten. An Messehallen zum Beispiel oder in Innenstädten. In Kombination mit Google Street View können Sie so ganz leicht sehen, wo Ihr zuständiger Sendemast sich befindet.

Unser persönlicher Funkmast

Wir gaben unsere Adresse ein und stellten stolz fest: Wir hatten recht. Der nächste Mast steht westlich von unserem Haus. Leider thront zwischen ihm und uns ein kleiner, mit Bäumen bewachsener Hügel. Im Osten dagegen findet sich kilometerweit kein Sendemast. Und der, der dann kommt, befindet sich genau hinter einem anderen Haus. Das passt zu unserer Alltagserfahrung: Im Osten (Wohnzimmer, Schlafzimmer) haben wir fast keinen Handyempfang. Wenn wir stabil telefonieren wollen, müssen wir an der Haustür stehen (Westseite). Ganz besonders gut geht es auf einem kleinen Stück Flur neben dem Schuhregal. Dort ist der Teppich schon ganz

---

6 https://www.bundesnetzagentur.de/DE/Vportal/TK/Funktechnik/EMF/start.html

abgewetzt, weil wir zum Telefonieren immer dort herumlungern. Und natürlich ist der Empfang unter dem Dach super, von wo man über den lästigen Hügel und das Haus auf die Masten sehen kann. (Dort wohnen unsere Kinder, und es ist sehr praktisch, dass wir sie gut mobil erreichen können. Denn Kopfhörer mit Noise-Cancelling verhindern, dass der analoge Ruf zum Essen gehört wird. Anruf wirkt immer.)

Aber warum schafft es der Mast auf der Westseite, trotz des Wäldchens bis zu uns zu senden, während der auf der Ostseite an einem Haus scheitert? Müssten wir dann nicht von beiden Seiten *keinen* Empfang haben, weil das Signal geblockt wird? Wir sind natürlich dankbar, dass das nicht der Fall ist, aber so richtig logisch erscheint das erst mal nicht.

Tatsächlich verdanken wir es der Physik, dass sich das Signal des westlichen Mastes doch bis zu uns durchmogelt. Die Funkwellen haben ein paar Kniffe drauf, ganz ähnlich wie das sichtbare Licht. Da wird reflektiert, gestreut und gebeugt, was das Zeug hält. Hauswände können das Signal spiegeln, an Dachkanten können die Wellen nach unten gebeugt werden, und unebene Oberflächen streuen Ihren YouTube-Stream in alle Richtungen. Dazu kommt, dass sich die Wellen, wenn sie uns gleichzeitig auf direktem Weg und von anderer Stelle gestreut erreichen, verstärken oder abschwächen können. Deshalb ist es möglich, dass Sie nie an dem einen, aber immer an dem anderen Fenster in Ihrem Wohnzimmer guten Empfang haben. Am deutlichsten ist dieser Effekt, wenn im Auto an der Ampel das Radiosignal verschwindet. Manchmal reicht es, nur einen Meter weiterzufahren, und alles ist wieder gut.

Durch manche Materialien gehen die Funkwellen auch einfach hindurch. Grundsätzlich gilt: Je dicker eine Wand ist, desto schwerer ist es, sie zu durchdringen. Eine Betonwand ist durch den darin verbauten Stahl viel undurchlässiger als eine Wand aus Kalksandstein. Leitfähige Materialien wie Stahlbeton sind ohnehin der Angstgegner von Wellen. Nehmen wir die Mikrowelle. Sie »sendet« in einem Frequenzbereich ganz in der Nähe von LTE und 5G, nämlich bei genau 2,455 GHz. Und hier wird schon das Problem deutlich: Breiten sich die elektromagnetischen Wellen aus Ihrer Mikrowelle ungehindert in Ihrer Küche aus? Nein. Denn sie werden durch die Metallwände der Mikrowelle abgeschirmt. In unserem Büro haben wir das einmal eindrucksvoll erlebt: Wir hatten ein großes Whiteboard aufgehängt. Merkwürdigerweise hatten wir danach nur noch sehr schlechten WLAN-Empfang. Auf den Zusammenhang zwischen beidem kamen wir nicht etwa selbst – es war unser IT-Administrator. Wir hatten das Whiteboard schlicht auf die Rückseite derjenigen Wand gehängt, an der der WLAN-Router befestigt war. Der Router mühte sich nun vergeblich, sein Signal durchs metallische Whiteboard ins Büro zu senden.

Wellen mit Superkräften

Warum kam er da nicht durch? Hier lohnt sich ein schneller Blick darauf, wie elektromagnetische Wellen funktionieren. Man kann sie als viele kleine elektrische und magnetische Felder betrachten, die miteinander gekoppelt sind. Sie schwingen senkrecht zur Richtung, in der sie sich ausbreiten. Solche Wellen kommen aus ihrer Mikrowelle, Ihrem Handy, einer Taschenlampe oder einem Radio, und sie sind unterschiedlich lang. Das hat Auswirkungen darauf, wie gut sie mit Hindernissen umgehen können. Licht und Handystrahlung dringen zum Beispiel nicht durch einen Aluminiumkoffer, Röntgenstrahlung schon. Jede Wellenlänge hat eigene Superkräfte und eignet sich deshalb zu unterschiedlichen Zwecken.

- **Langwellen** sind mit einer Wellenlänge von bis zu 10.000 Metern der Riese unter den Wellen. Sie übertragen das Zeitsignal für unsere Funkuhren und kommen locker tausend Kilometer weit, weil sie am Boden entlang der Erdkrümmung folgen.

- **Kurzwellen** sind so kurz, dass sie an der Ionosphäre reflektiert werden. Dadurch werden die Signale um die ganze Welt getragen. Als Kinder waren wir absolut fasziniert von dem Spionage-Programm auf dem Kurzwellenempfänger. Mithören konnte jeder, der ein einfaches Radio hatte. Verstehen aber nur Spione, die den richtigen Schlüssel zum Decodieren hatten.
- **Ultrakurzwellen** nutzen wir alle zum Radiohören. Außerdem wird hier gefunkt wie wild. Zivil, militärisch, Flugnavigation, Seefunk, auch Satelliten werden über diese Frequenzen gesteuert.

Handysignale bestehen aus zwei »Sorten« von Wellen: Dezimeterwellen und Zentimeterwellen. **Dezimeterwellen** sind (wenig überraschend) mindestens einen Dezimeter lang, 10 cm bis maximal 1 Meter. Ihre Frequenz beträgt zwischen 300 Megahertz und 3 Gigahertz. Hier passiert enorm viel: Unzählige Funk- und Navigationsdienste sowie Ihr WLAN senden und empfangen auf diesen Frequenzen. Wenn wir als »Die Physikanten« für Wissenschaftsshows auf der Bühne stehen, senden hier auch unsere Headsets. Einige Radaranlagen nutzen die ziemlich kurzen Wellenlängen, und Ihre Mikrowelle tut das auch! Die Superkraft der Dezimeterwelle ist ihre Informationsdichte! Selbst wenn einzelne Frequenzen sehr nah beieinanderliegen, stören sie sich nicht gegenseitig. So können die Wellen mit extrem vielen Daten beladen werden. Ihre Schwachstelle: Die Wellen lassen sich durch elektrisch leitfähige Gegenstände in der Größe der Wellenlänge stören, wie große Blätter an Bäumen.

Zentimeterwellen (Länge 1–10 cm) sind der Turbo unter den Funkwellen. Sie ermöglichen extrem hohe Datenraten für die 5G-Technologie. Damit arbeiten auch die Radarsysteme der Schifffahrt und Fernsehsatelliten. Ihre Superkraft ist die noch höhere Informationsdichte! Der Nachteil der Zentimeterwellen: Besonders bei den höheren Frequenzen stört die Atmosphäre. Wasserdampf und Regen vermindern die Reichweite (was man aber wiederum für die Wetterbeobachtung nutzen kann. Regentropfen reflektieren die Wellen, und deshalb funktioniert der Regenradar so gut).

Wie man sieht, haben es die Wellen unterschiedlich schwer, ihre Empfänger zu finden. Für Fernseh- und Radiosignale (UKW-Bereich) wurden deshalb besonders starke und hohe Sendeantennen gebaut, die es ihnen erlauben, weite Strecken zurückzulegen. So war es beispielsweise in der DDR möglich, Fernsehen aus dem Westen zu empfangen. Allerdings nicht überall. Es gab auch die DDR-Bürger, die im »Tal der Ahnungslosen« lebten. Konkret war das der Raum um Greifswald (ganz im Nordosten) und der Bezirk Dresden. Bis hierhin gelangten die elektromagnetischen Wellen der Westsender einfach nicht. Die Bürgerinnen und Bürger mussten mit dem (zensierten) DDR-Fernsehen auskommen – und die Abkürzung ARD wurde häufig ironisch umgewandelt in »Außer Rügen und Dresden«. Spannend daran ist: Laut einer Studie, für die Stasi-Unterlagen ausgewertet wurden, waren die Menschen im »Tal der Ahnungslosen« unzufriedener mit dem politischen System der DDR als diejenigen, die Westfernsehen empfangen konnten. Man hätte es umgekehrt erwartet, oder? Die Autoren der Studie führen das darauf zurück, dass Westfernsehen nicht als Informationsquelle genutzt wurde, sondern zur Unterhaltung und Zerstreuung. Diese mediale Fluchtmöglichkeit führte offenbar dazu, dass die Menschen das politische System nicht mehr ganz so schlimm fanden.

Heute muss das deutsche Funknetz Bilder transportieren, Filme und die gewaltige Menge Daten, die für selbstfahrende Autos, Videokonferenzen und das Internet der Dinge benötigt werden. Ausgebaut wird daher aktuell das 5G-Netz. Mit ihm können besonders viele Daten transportiert werden – und das sehr zielgerichtet. Der

Nachteil: 5G-Wellen, die im Zentimeterwellenbereich gesendet werden, haben eine vergleichsweise kurze Reichweite. Entsprechend müssen deutlich mehr Sendemasten gebaut werden.

Das würde auch unser Silvesterproblem lösen. Jedes Jahr um kurz nach Mitternacht versuchen wir, unsere Lieben anzurufen, die in einem anderen Bundesland leben. Und jedes Jahr wieder bekommen wir kein Signal. Am Sendemast kann das nicht liegen, der steht ja genauso da wie den Rest des Jahres. Aber die Kapazitäten des Funknetzes sind begrenzt. Die Mobilfunkbetreiber versuchen abzuschätzen, wie viele Handys sich vermutlich gleichzeitig in einer Funkzelle einwählen. Dort, wo viele Menschen wohnen, stehen deshalb viele Sendemasten – und in ländlichen Gegenden wenige. Wenn dann in unserem Vorort im Ruhrgebiet plötzlich viele Menschen gleichzeitig ihren Lieben ein frohes neues Jahr wünschen möchten, sind die Funkzellen quasi wegen Überfüllung geschlossen. Dann kann es passieren, dass Ihr Handy einfach keine Funkzelle findet, in der es sich anmelden kann. Und dann ist nichts mehr mit Telefonieren. So wie im ICE zwischen Berlin und Köln.

Mehr Sendemasten, das ist technisch und physikalisch kein Problem, politisch und wirtschaftlich möglicherweise schon. Denn Funkmasten haben kein gutes Image. Telefonieren wollen wir alle, die Antenne auf unser Haus gebaut bekommen eher nicht. Immer wieder gibt es Proteste, wenn Masten in der Nähe von Schulen, Kindergärten oder Lebensräumen von Tieren aufgestellt werden sollen.

Klar: Wo ein Sendemast ist, werden elektromagnetische Wellen abgestrahlt und aufgefangen. Physikalisch ist es allerdings so: Je mehr Sendemasten wir aufstellen, desto *weniger* Strahlung ist unterwegs. Klingt komisch? Ist aber so. Das liegt daran, dass die Masten immer mit möglichst geringer Leistung betrieben werden. Häufig sind das nur 50 Watt (unsere Mikrowelle hat 650 Watt). Diese Leistung reicht normalerweise, um die Signale innerhalb einer nicht allzu großen Funkzelle zu verbreiten. Wenn die Masten aber sehr weit voneinander entfernt sind, ist eine höhere Leistung notwendig, um die Signale zu übertragen. Das verursacht mehr Strahlung.

Ähnlich verhält es sich mit dem Handy im Funkloch. Dort, wo ich keinen oder schlechten Empfang habe, strahlt mein Handy nicht weniger, sondern mehr elektromagnetische Wellen ab – weil es sich so verzweifelt bemüht, sich zu verbinden. Ergo: Je mehr Sender es gibt, desto geringer ist die Strahlung, die wir abbekommen. Denn die Handys verausgaben sich nicht so.

Ein Satz heiße Ohren

Ist es überhaupt ein Problem, wenn elektromagnetische Wellen uns treffen? Physikalisch verhält es sich so: Wenn ich mir mein Handy irgendwo an den Körper halte, wird die Stelle, die sich nah daran befindet, geringfügig erhitzt. Ein Wassermolekül ist nämlich polar, also auf der einen Seite positiv und auf der anderen Seite negativ geladen. Kommen elektromagnetische Wellen einer passenden Frequenz vorbei, dann wird es in Drehung versetzt und bewegt seine Umgebung gleich mit – das Wasser erwärmt sich. Bei der Mikrowelle ist das erwünscht. Beim Handy natürlich nicht. Aber kann ich mit meinem Handy mein Gehirn kochen? Das kann man ganz leicht – also ganz leicht *nachrechnen* natürlich.

Gehen wir der Einfachheit halber davon aus, dass unser Körper aus Wasser besteht (zum großen Teil tut er das ja auch). Um ein Kilo Wasser um ein Grad zu erwärmen, müssen wir eine Energie von etwa 4.000 Joule (man kann auch Wattsekunden sagen) aufbringen[7]. Der Höchstwert, mit dem die Geräte auf unseren Körper wirken,

7 Die Wärmekapazität von Wasser (Energiemenge, um ein Kilogramm Wasser um ein Grad zu erwärmen) beträgt 4,183 kJ / (kg K).

beträgt 2 Watt pro Kilogramm. Man kann leicht ausrechnen, dass es dann 2.000 Sekunden, also mehr als eine halbe Stunde, dauern würde, um das betroffene Gewebe um ein winziges Grad zu erhitzen. Allerdings ist das ein theoretischer Wert, denn unser Blutkreislauf sorgt ja dafür, dass die Wärme direkt verteilt wird. Von der Erwärmung bleibt dann nicht viel übrig.

Aber warm ist warm. Es ist unstrittig, dass da etwas passiert zwischen dem Handy und unserem Körper. Viele Menschen finden das besorgniserregend. Das Gute ist, dass es keinen Hinweis darauf gibt, dass außer der minimalen Erwärmung irgendetwas anderes mit unseren Zellen, unseren Nerven und unserer DNA passiert. Es gibt in unserem Körper, zumindest nach dem, was wir aktuell wissen, keine Antennen für die Handystrahlung. Derzeit gibt es keine methodisch sauberen Studien, die belegen, dass ein kausaler Zusammenhang zwischen Mobilfunkwellen und Krankheiten besteht.

Das Ohr wird, erstaunlicherweise und im Gegensatz zur obigen Rechnung, beim längeren Telefonieren übrigens trotzdem ordentlich warm! Grund ist aber nicht, dass das Handy so stark heizt, sondern, dass es unser Ohr daran hindert, Wärme abzustrahlen. Es ist, als wäre das Ohr warm zugedeckt.

Bis alle Funklöcher in Deutschland geschlossen sind, wird es vermutlich dauern. So lange kann man nur das Beste draus machen. Einige Hotels, die in tiefen Funklöchern liegen, bieten unter dem Motto »Digital Detox« explizit Ferien ohne Handyempfang an. Und die Mieten für Wohnungen und Häuser sind dort, wo kein Empfang ist, auch viel günstiger.

Alltags-Störfaktor 
Lifehack-Faktor 
Katastrophenpotenzial 

Für Klugschnacker – 5 Fun-Facts für 5G

Ob TikTok-Video, Musik-Streaming oder Telefonat: Was übermittelt wird, ist ein gewaltiger, digitaler Zahlenstrom. Der lässt sich als sehr schnelle Abfolge von Einsen und Nullen beschreiben, die irgendwie gefunkt werden sollen. Das geht mithilfe einer Funkwelle, einer sogenannten Trägerwelle. In einem bestimmten, festgelegten Takt werden hiermit Informationen übertragen.

Eine nackte Funkwelle an sich trägt erst einmal noch keine Informationen. Um Daten auf ihr zu transportieren, muss ich die Welle verändern, sie modulieren. Dafür gibt es mehrere Möglichkeiten, von denen hier zwei eine Rolle spielen.

1. Amplitudenmodulation: Hierbei wird die Größe der Welle verändert, also ihre Amplitude. Im einfachsten Fall heißt das: Wenn eine Eins gesendet werden soll, schlägt die Welle groß aus, bei einer Null wenig oder gar nicht. Dies ist in kleinen Schritten möglich und bietet unzählige Optionen.
2. Phasenmodulation: Hier wird die Welle zeitlich ein bisschen verschoben. Je nach Art der Verschiebung können so auch 0 und 1 codiert werden.

Praktischerweise lassen sich beide Techniken kombinieren und sogar noch erweitern. So lässt sich pro Takt damit nicht nur ein Bit (also eine Eins oder Null), sondern im Falle von 5G sogar

acht Bit (also eine Zahl zwischen 0 und 255) verschicken.
Das Tolle an 5 G ist, dass noch viele weitere Tricks zum Einsatz kommen.

1. **Hohe Frequenzen:** Für 5G ist der Einsatz von extrem hohen Frequenzen bis über 40 GHz geplant. Wellen mit einer hohen Frequenz sind kurz. Das bedeutet, dass in kürzerer Zeit viel mehr Wellenberge und -täler beim Empfänger ankommen. Die Welle kann also einen schnelleren Takt haben und viel mehr Informationen transportieren.
2. **Datenautobahnen:** Wenn man sich vorstellt, dass die Übertragung auf einer Frequenz einer Datenautobahn entspricht, warum sollte man da nicht gleich mehrere nutzen? 5G ermöglicht es, auf bis zu 16 Autobahnen gleichzeitig zu fahren. Der Datenstrom kann also auf 16 Frequenzen aufgeteilt und in Ihrem Handy wieder zusammengesetzt werden. Damit verkürzt sich Ihr Download der nächsten Staffel Ihrer Lieblingsserie fast auf ein Sechzehntel!
3. **Autobahnen mit Tausenden von Spuren:** Bevor die Daten gesendet werden, werden sie auf bis zu Tausende sehr nah beieinanderliegende Frequenzen aufgeteilt. Man kann sich das wie sehr schmale Spuren auf der Autobahn vorstellen. Auf denen wird einzeln nur sehr wenig transportiert, aber in der Sum-

me kommt genau so viel an. Der große Vorteil liegt darin, dass diese Technik (OFDM) viel weniger störanfällig ist. Wenn eine einzelne Spur, also eine Unterfrequenz, eine Störung erleidet, dann kann beim Empfänger das komplette Signal wieder aus den anderen Daten zusammengebaut werden. Eine ähnliche Technik kommt übrigens auch in QR-Codes zum Einsatz. Wenn diese ein bisschen verschmiert sind oder jemand etwas darauf geschrieben hat, sind sie meistens trotzdem noch lesbar, weil in den schwarzen Pünktchen redundante Informationen stecken.

4. **Autobahnen übereinander:** Noch mehr Daten können übertragen werden, indem die Basisstation das Signal von mehreren, eng nebeneinanderliegenden Antennen sendet, und zwar auf der gleichen Frequenz. In moderneren Handys sind mehrere Antennen verbaut, die locker verschiedene Signale empfangen. Damit gelingt idealerweise eine Verdoppelung der Datenrate, wenn z. B. zwei Antennen bei Sender und Empfänger vorhanden sind (MIMO-Technik, Mulitple Input Multiple Output).
5. **Datenübertragung mit der Keule:** Für das 5G-Netz ist geplant, an Orten mit besonders hoher Nutzerzahl sogenannte Massive-MIMO-Antennen einzusetzen. Dahinter verbirgt sich z. B. ein Kasten, in dem sich eine schach-

brettgroße Anordnung von acht mal acht kleinsten Antennen befindet. So kann man die Richtung des Signals gezielt steuern. Es lassen sich sogar Empfänger einzeln mit Wellen-Keulen versorgen. Da die Massive-MIMO-Antenne für einen Empfänger, je nachdem, wo man sich befindet, unterschiedliche Signale abstrahlt, verhält sie sich physikalisch sehr ähnlich wie ein Hologramm, das ja auch aus verschiedenen Blickwinkeln unterschiedlich aussieht, um einen 3-D-Effekt zu erzeugen. Phantastisch!

Sie sehen, es wird gewaltiger Aufwand getrieben, um immer noch mehr Daten zu übertragen. Das bringt leider auch Probleme mit sich. Wegen der geringeren Reichweite werden mehr Basisstationen benötigt, die in Summe mehr Energie verbrauchen. Dazu kommt die zu erwartende Zunahme des Datenvolumens. Beides wird zu einer Steigerung des Energieverbrauchs führen.
Die erforderliche, gewaltige Rechenleistung für das 5G-Netz kann natürlich nicht mit einem Commodore 64 bewältigt werden. Im Gegenteil. Es gibt nur wenige Chip-Produzenten, die die erforderliche Elektronik konstruieren können. So ist die Auswahl der Lieferanten für diese wichtigen Infrastruktur-Bausteine zu einem hochpolitischen Thema geworden, denn beispielsweise in den USA setzt man nicht viel Vertrauen in die Si-

cherheitsstandards chinesischer Hersteller – reinschauen kann man schließlich nicht in die Chips. Als wir vor einiger Zeit in einem New Yorker Elektronikladen darum baten, man möge eine SIM-Karte im chinesischen Handy unseres Sohnes einrichten, hob der Verkäufer abwehrend die Hände: »Das dürfen wir nicht.«

Einstürzende Brücke? Laaangweilig!

Warum Schwingungen dramatische Auswirkungen haben können

Was würden Sie tun, wenn neben Ihnen eine Brücke einstürzt? Wegrennen vielleicht? Oder stehen bleiben und mit dem Handy filmen? Jedenfalls würden Sie vermutlich nicht gelangweilt weitergehen. Doch genau das taten die Menschen, die dabei waren, als am 7. November 1940 die Tacoma Narrows Bridge in den USA einstürzte. Auf wackeligen Schwarz-Weiß-Filmen (irgendjemand hat offenbar doch eine Kamera draufgehalten) sieht man die mehr als 800 Meter lange Hängebrücke in der Luft wirbeln wie ein Springseil, das kräftig geschleudert wird – während gut gekleidete Herren in Hut und Mantel mit unbewegten Mienen ihrer Wege gehen. Einige kommen sogar von der schwankenden Brücke und flanieren dann gaaanz langsam herunter. Als sie an der Kamera vorbeigehen, sind ihre Gesichter deutlich zu sehen: Angst oder Überraschung? Fehlanzeige.

Offenbar hatten sich die Menschen im US-Bundesstaat Washington zu sehr an die verrückte Brücke gewöhnt. Die Tacoma Narrows Bridge schwankte schon beim leisesten Windhauch – immer. Das lag an der Art, wie sie gebaut war: Extrem lang und extrem schmal. Mit 853 Meter Spannweite war sie die drittlängste Hängebrücke weltweit (nach der Golden Gate Bridge und der George-Washington-Brücke). Trotzdem bot sie gerade genug Platz für zwei Fahrspuren und einen kleinen Fußweg. Die Brücke bockte beim geringsten Lüftchen – und wurde bald nur noch »Galloping Gertie« genannt. Gerade deshalb zog sie viele Touristen an, manche kamen sogar extra zum »Achterbahnfahren«. Vermutlich waren die Passanten am 7. November 1940 deshalb so entspannt, als ein leichter Sturm aufkam und die Brücke wieder zu schwanken begann.

Es lohnt sich, die historischen Filme über den Einsturz der Tacoma Bridge im Internet anzusehen. In verwackeltem Schwarz-Weiß galoppiert »Galloping Gertie« mehr und mehr, bis sie schließlich in der Mitte auseinanderbricht. Ein Auto, das bis zuletzt auf der Brücke stand, stürzt ins Wasser – der Fahrer hatte sich schon in Sicherheit gebracht. Glücklicherweise wurde niemand verletzt – abgesehen von der Ehre des Architekten. Leon Solomon Moisseiff hatte durchaus am Puls der Zeit geplant, denn schmale Brücken waren damals »in« – auch die Rodenkirchener Brücke in Köln ist ähnlich gebaut. Was also war da los? Die Tacoma Narrows Bridge war ja nicht die erste schmale Brücke auf der Welt. Hatte der Architekt geschlampt?

Hatte er nicht. Ihm war einfach die Physik in die Quere gekommen – und er hatte ein bisschen Pech mit dem Wetter. Passiert war Folgendes: Der Wind wehte am Standort der Brücke meist seitlich, also quer zur Brücke. Dadurch geriet die Fahrbahn ins Schaukeln und begann, sich zu verdrehen. In dieser aufgeschaukelten Position traf sie der Wind, und sie nahm immer mehr Energie auf, die den Schwung verstärkte – eine selbsterregende Schwingung nennen Physiker das. Und einen Test im Windkanal gab es für Brückenmodelle damals noch nicht.

Inzwischen gibt es den – und der berühmte Architekt Norman Foster (aus dessen Kopf auch die Idee für die Kuppel auf dem Reichstag stammt) wähnte sich vermutlich in Sicherheit, als er in London die Millennium Bridge baute, eine sehr elegante Fußgängerbrücke über die Themse. Sie wurde am 10. Juni 2000 feierlich eröffnet – und bekam in kürzester Zeit den Spitznamen »Wobbly Bridge«, die Wackelbrücke. Wenn zu viele Menschen (es waren über 2.000), gleichzeitig über die Brücke gingen, fing sie an, seitlich zu schwingen, und zwar in einem sehr schönen Rhythmus: einmal pro Sekunde hin und her – ein Hertz. Zwei Tage später musste die Brücke aus Sicherheitsgründen geschlossen werden. Auch hier handelte es sich auch um eine Art selbsterregende Schwingung: Als die Brücke durch die vielen Fußgänger leicht anfing zu schwingen, änderten diese unbewusst ihren Gang und passten ihren Schrittrhythmus an den Takt der Schwingung an – man spricht hier auch von Synchronisation. Ihre Bewegungen ähnelten schließlich der beim Rollschuhfahren. Das wiederum verstärkte die Schwingung der Brücke. Die Videobilder sind beeindruckend![8]

Wir beobachteten all diese Brückenkatastrophen mit heiterer Gelassenheit. Die Brücken, über die wir im Ruhrgebiet fahren, sind weniger schön, aber stabil aus Beton und wackeln nicht. Wir fühlten uns vom Problem selbsterregender Schwingungen nicht betroffen – bis wir von unserer Waschmaschine angegriffen wurden.

Galoppierende Waschmaschinen

Es passierte, als unsere Tochter in den Keller kam, um die Handtücher aus der Maschine zu nehmen. Die Waschmaschine kam ihr schon entgegen. Sie hoppelte im Schleudergang auf sie zu und trommelte dabei einen schnellen, gleichmäßigen Takt auf den Kellerboden. Unsere Tochter rief nach Hilfe, wir stürzten in den Keller und waren kurz der wahnsinnigen Meinung, die Maschine aufhalten zu können. Eine bekloppte Idee. Wenn Sie noch nie an eine Waschmaschine gefasst haben, die mit 1.200 Umdrehungen pro Minute im Schleudergang auf sie zuhoppelt, lassen Sie sich gesagt sein: Es fühlt sich an, als hielte man einen sehr schweren Presslufthammer. Am Ende blieb uns nur, zur Seite zu springen und schockiert zu beobachten, wie die Maschine den Wäschekorb zermalmte und eine Del-

8 Eine Suche bei YouTube unter »millennium bridge wobble« führt zu mehreren Videos.

le in der Wand hinterließ. Erst als sie damit fertig war, kam sie zum Stehen und ließ sich widerstandslos zurück in ihre Ecke schieben.

Zunächst dachten wir, das Wandern der Maschine rühre daher, dass sich die Füße im Laufe der Zeit verstellt hatten und nun ungleich hoch waren. Fehlanzeige, sie ließ sich keinen Millimeter kippeln. Erst unser Haushaltsgeräte-Techniker, ein Genie, der uns schon häufig mit der günstigen Reparatur verloren geglaubter Geräte überrascht hatte, erklärte, dass die Schwingungsdämpfer in der Waschmaschine ihren Geist aufgegeben hatten. Die Aufgabe von Schwingungsdämpfern ist es nämlich, der Schwingung Energie zu entziehen und so zu verhindern, dass sich diese immer weiter aufschaukelt. Genau das hat nun aber nicht geklappt und ermöglichte den Weg durch unseren Keller.

Das singende Teesieb

Mit einem Phänomen, das in der Lage ist, Brücken in Schutt und Asche zu legen und Waschmaschinen wandern zu lassen, sollte es doch ein Leichtes sein, auch clevere Experimente zu machen, oder? Für unser Lieblings-Schwingungs-Experiment brauchen Sie nur zwei Dinge: ein Teesieb aus Metall (eins aus Edelstahl mit ganz feinen Löchern darin) und einen Wasserhahn.

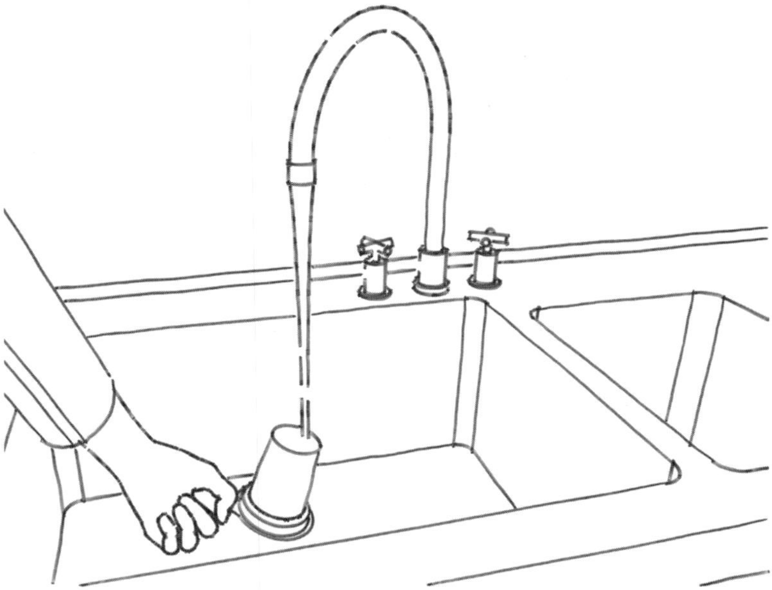

So geht's:

- Stellen Sie den Wasserstrahl in Ihrer Küche so ein, dass der Strahl gerade noch glatt ist. Er soll nicht tröpfeln, aber auch keine Blasen aus dem Perlator (dieser Aufsatz oben am Wasserhahn, der dem Strahl Luft hinzufügt, um Wasser zu sparen) enthalten.
- Nun halten Sie das Teesieb mit der Unterseite schräg nach oben, und lassen Sie den Strahl mittig auf die Unterseite treffen. Variieren Sie Höhe und Stärke des Wasserstrahls, bis Sie einen singenden Ton hören.

Dieses Experiment hätte es vor zehn Jahren noch nicht gegeben. Denn damals wurde Tee meistens in Baumwollnetzen aufgegossen, oder einfach in Teebeuteln. Doch seit es immer häufiger Kannen gibt, in denen praktische Teefilter aus Stahl gleich mitgeliefert werden, bemerken immer mehr Teetrinker, dass die Siebe jammern, wenn man eigentlich nur die verbliebenen Teeblätter ausspülen möchte. Uns machte ein Fernseh-Redakteur auf das Phänomen aufmerksam: »Mein Teesieb kreischt. Warum ist das so?«

Es gibt keine Frage, die für einen Physikerhaushalt einen so hohen Aufforderungscharakter hat wie »Warum ist das so?«. Es ist die beste Frage der Welt. Sie lädt ein zum Experimentieren, Nachdenken – und Erklären. Im Fall des singenden Teesiebs waren die ersten Experimente allerdings frustrierend: Unseres gab keinen Ton von sich. Erst nach einigen Fehlversuchen kam uns die Methode »Zufall« zu Hilfe. Wir hatten den Wasserstrahl genauso eingestellt wie oben beschrieben und festgestellt: Es singt nur, wenn wir es tief halten.

Für das singende Teesieb ist es nämlich wichtig, wie schnell das Wasser ist. Und unten ist es nun mal schneller, weil Dinge, die fallen, während des Fallens immer weiter beschleunigen. Das gilt nicht nur für einen Ball, den wir vom Balkon auf die Terrasse fallen lassen, sondern auch für das Wasser, das aus dem Hahn fällt. Für unser Teesieb herrscht die optimale Wassergeschwindigkeit knapp über dem Boden des Waschbeckens.

Woher kommt nun aber der Ton? Der Mechanismus ist der gleiche wie bei einem dünnen Stock, den man kräftig durch die Luft drischt. Unsere Kinder tun das gern, wenn sie beim Wandern (»Müssen wir immer wandern?«) keine Lust mehr haben zu laufen. Der Stock macht dann ein Geräusch, das so klingt wie »*wusch*«!

Dieses »*wusch*« kommt daher, dass die Luft schnell um den Stock strömt. Dabei entstehen viele kleine, fixe Wirbel. Was heißt viele – es sind unzählige, alle weniger als einen Millimeter groß. Und sie drehen sich einander entgegen, die einen linksrum, die anderen rechtsrum. Wenn ein Wirbel sich vom Stock ablöst, entsteht sofort der nächste. Je schneller die Luft sich bewegt, desto schneller geht das. Hinter dem Stock entsteht eine lange Folge von sich gegeneinander drehenden Wirbeln, eine Kármánsche Wirbelstraße. So eine Straße bildet sich immer, wenn Luft oder Wasser um ein Hindernis strömt, und sie sieht wirklich schön aus. Das passiert zum Beispiel in schnell fließenden Bächen. Dort kann man hinter aus dem Wasser ragenden Stöcken oder Steinen zuweilen sehr schöne Kármánsche Wirbelstraßen beobachten.

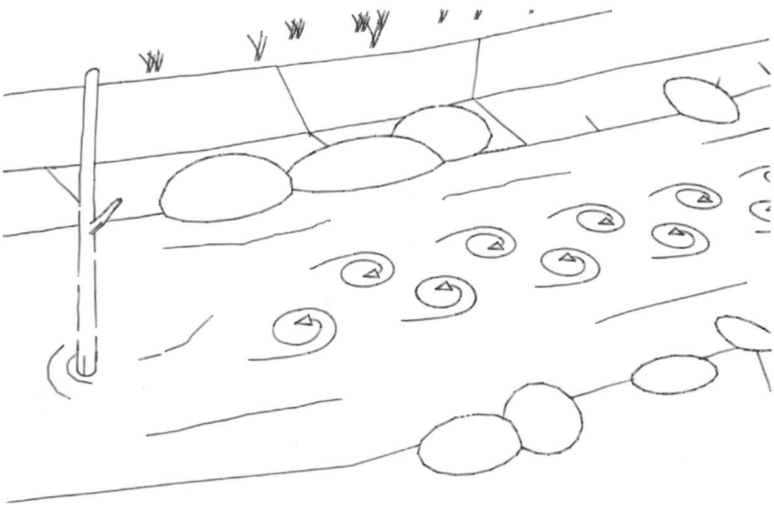

Woher kommt der Teesieb-Ton?

Hören kann man die Wirbel im Bach allerdings nicht wirklich (abgesehen davon, dass der Bach an sich nett plätschert). Warum ist das beim Teesieb anders? Und das zu verstehen, hilft es, sich das Sieb nicht als Metall mit Löchern vorzustellen, sondern umgekehrt: als großes Loch mit Metallhindernissen dazwischen.

Das Wasser fließt um all diese Hindernisse herum, wie der Bach um herausragende Stöckchen. Hinter jedem Hindernis entstehen gegenläufige Wirbel, werden vom nachströmenden Wasser abgelöst und fallen nach unten. Während sie das tun, drehen sie sich weiter. Denn Wirbel sind enorm stabil! Es gibt wenig, was sie stoppt: Wirbel erfahren kaum Reibung am Wasser oder der Luft um sie herum. Schon einfache, selbst gemachte Wirbel im Schwimmbad können durch das ganze Becken gleiten,[9] und hinter Flugzeugen breiten sich manchmal sogar gefährliche Wirbelschleppen aus, die andere Flieger zum Absturz bringen können.

Bei so viel Gewirbel kann man sich gut vorstellen, dass das an unserem Wasserstrahl nicht spurlos vorbeigeht. Er wollte ja eigentlich in einer schönen, gleichförmigen Bewegung nach unten strömen. Da kam ihm als Erstes die Schwerkraft dazwischen, die ihn zwang, immer schneller zu werden. Und jetzt auch noch die Wirbel! Sie drehen sich gegeneinander und sorgen dafür, dass der Druck im Strahl ordentlich schwankt.

An den Metallverbindungen des Teesiebs wird also gerüttelt und geschüttelt, und es gerät kräftig in Schwingung. Anfangs schwingt es vielleicht nicht ganz gleichmäßig, aber nach einer kleinen Weile stellen sich Sieb und Wirbel aufeinander ein. Man kann sich das ganz ähnlich vorstellen wie bei den Menschen auf Norman Fosters Millennium Bridge in London, die ihre Schritte genau der Schwingung der Brücke anpassten und diese dadurch noch verstärkten.

Für den Teefilter heißt das: Strömt das Wasser mit optimaler Geschwindigkeit, bilden sich Wirbelstraßen, und der Filter beginnt, im Takt zu schwingen. In diesem Takt regt er weitere Wirbel an, die ihn noch mehr zum Schwingen bringen. So bildet sich ein stabiles System.

Wichtig dabei ist, dass der Teefilter nicht irgendwie schwingt, sondern in seiner Eigenfrequenz. Das ist die Frequenz, mit der ein

---

9 Schwimmbad-Wirbel machen richtig viel Spaß! Wenn Sie Lust haben, das auszuprobieren: Eine ausführliche Anleitung und witzige Geschichten darüber, was mit solchen Wirbeln passieren kann, finden Sie in »Physik ist, wenn's knallt« (Heyne 2019).

Gegenstand am liebsten schwingt, die ihm also eigen ist. Eine Glocke, die man anschlägt, tönt immer mit ihrer Eigenfrequenz. Wenn Sie mit dem Löffel gegen Ihren Teebecher klopfen, hören Sie seine Eigenfrequenz (oder eine davon, denn wenn der Becher einen Henkel hat, hat er sogar mehrere Eigenfrequenzen. Probieren Sie das einmal aus, indem Sie an verschiedenen Stellen dagegen klopfen). Ein Eierbecher hat eine andere Eigenfrequenz als ein Bierglas. Und sogar Gläser derselben Art, die man mit unterschiedlich viel Wasser füllt, schwingen verschieden.

Der Boden unseres Teesiebs schwingt also in seiner Eigenfrequenz und erzeugt den Ton. Wilfried Suhr vom Institut für Didaktik der Physik an der Universität Münster hat dazu ein wunderbares, sehr ausführliches Paper geschrieben,[10] in dem er unter anderem vorschlägt, dass der Versuch wegen seiner großen Alltagsnähe auch in Schulen durchgeführt werden sollte. Zumindest bei unseren Kindern ist das leider noch nicht passiert, kann aber ja noch kommen!

Musik mit Wirbeln

Verdient hätte das Experiment es, denn mit Kármánschen Wirbelstraßen und Eigenfrequenzen lässt sich richtig Musik machen. Man könnte das mit verschiedenen Teesieben tun, die je nach Beschaffenheit des Siebbodens unterschiedlich klingen. Wir haben einmal versucht, uns so ein Teesieb-Orchester zusammenzustellen – leider erfolglos. Nach einer Shoppingtour durch die Haushaltswarenabtei-

---

10 Suhr, Wilfried. »Pfeiftöne vom Teefilter – Ein strömungsakustisches Alltagsphänomen«. *PhyDid A-Physik und Didaktik in Schule und Hochschule* 1/19 (2020), 57–66.

lungen unserer Stadt sowie verschiedene Onlineshops mussten wir feststellen: Die Teesieb-Industrie ist noch nicht so weit.

Aber es gibt ein Instrument, das nach demselben Prinzip funktioniert: Die Windharfe oder Äolsharfe. Die Dicke und Länge ihrer Saiten sind so gewählt, dass sie bei einer bestimmten Windgeschwindigkeit schwingen. Dann stellt man sie einfach an einem passenden Platz auf, und sobald Wind aufkommt, erklingt Musik. Ganz, ohne dass jemand das Instrument berührt. König David (der aus dem Alten Testament) hatte angeblich so eine Äolsharfe über seinem Bett hängen – wobei man sich fragt, wie windig es in seinem Schlafzimmer gewesen sein mag. Es gibt ein ganzes Gedicht über die Windharfe, das von Johannes Brahms vertont wurde. Darin besingt Eduard Mörike die betörende Wirkung, die die Harfe auf ihn hat. Darin finden sich die Worte:

»Ein holder Schrei der Harfe
Wiederholt, mir zu süßem Erschrecken
(…)«

Erschrocken haben sich auf jeden Fall die Menschen in Rotterdam. Dort thront die Erasmus-Brücke. Sie sieht schon auf den ersten Blick aus wie eine Harfe: Ein 139 m hoher, angewinkelter Pylon thront über der Nieuwe Maas und hält mit dicken, schräg verlaufenden Stahlseilen die Fahrbahn. Obwohl diese Seile so dick sind wie ein Oberschenkel (bis zu 22,5 cm),[11] begannen sie tatsächlich zu schwingen wie die Saiten des Instruments. Aber nicht durch Stürme oder den Takt von Fußgängern – die Schwingung begann erst, als Wind mit einer Windstärke von 6–7 Beaufort aufkam und es dazu noch regnete. Eines der

11 C. Geurts, Numerical Modelling of Rain-Wind-Induced Vibration: Erasmus Bridge, Rotterdam, Structural Engineering International, Mai 1998.

gewaltigen Seile schwang im Sekundentakt sogar bis zu 70 cm hin und her! Sobald der Regen allerdings aufhörte, verschwanden die Schwingungen wieder.

Was hat der Regen mit der Schwingung zu tun? Schuld sind die Wasser-Rinnsale, die sich an den schräg verlaufenden Seilen bilden. Im Vergleich zum Durchmesser der Seile sind sie harmlos flach. Es ist aber schon lange bekannt, dass kleine Oberflächenveränderungen einen großen Einfluss auf Strömungen haben können. Golfbälle zum Beispiel fliegen mithilfe der kleinen Vertiefungen auf ihrer Oberfläche, die Dimples genannt werden, fast doppelt so weit wie ein vollkommen glatter Ball. Wenn das Seil angefangen hat zu schwingen, bildet sich an der Ober- und Unterseite jeweils ein Rinnsal, wo regelmäßig Luftwirbel abreißen. Jetzt ist ein kompliziertes System entstanden aus schwingendem Seil, sich dadurch hin und her bewegenden Rinnsalen und periodischen Luftwirbeln. Beste Voraussetzungen dafür, ein tonnenschweres Stahlseil von der Dicke eines Oberschenkels kräftig schwingen zu lassen!

Glücklicherweise gibt es für fast jedes physikalische Problem auch eine physikalische Lösung: Sowohl die Millennium Bridge in London als auch die Seile der Erasmus-Brücke in Rotterdam wurden geschickt mit Schwingungsdämpfern ausgestattet, sodass sich die Schwingungen nun nicht mehr aufschaukeln können. Was bei milliardenschweren Bauwerken gelang, klappte auch bei uns zu Hause. Dank neuer Schwingungsdämpfer rührt sich unsere Waschmaschine keinen Millimeter mehr vom Fleck.

Alltags-Störfaktor
Lifehack-Faktor
Katastrophenpotenzial

Kein Sofa aus dem Fenster werfen!

Warum wir uns der Schwerkraft nicht entziehen, aber mit ihrer Hilfe einen guten Cocktail mixen können

Manche Geschichten klingen, als seien sie aus einem Trickfilm geklaut. Der folgende Unfallbericht eines Dachdeckers ist so eine: Er hatte das Dach eines sechsstöckigen Hauses gedeckt, und ihm waren offenbar zu viele Ziegel angeliefert worden. Als er fertig war, hatte er jedenfalls noch 250 Kilo Dachziegel übrig. Natürlich hatte der Mann überhaupt keine Lust, dieses Gewicht die Treppe hinunterzutragen. Werfen wollte er sie auch nicht, denn dann wären sie wahrscheinlich kaputtgegangen. Er entschied sich, sie langsam außen am Gebäude herunterzulassen. Dafür suchte er sich eine große, stabile Tonne und befestigte sie an einem Seil, das er über eine Rolle führte.

Dann lief er sechs Stockwerke hinunter, befestigte das Seil unten am Boden, lief sechs Stockwerke wieder rauf und belud die Tonne.

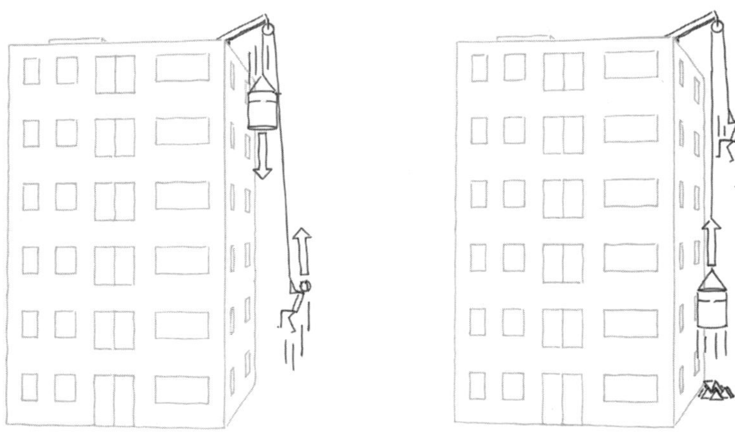

Erneut ging er die sechs Stockwerke runter – und band das Seil vom Boden los. Am unteren Ende des Seiles hing nun der Handwerker mit seinen 75 Kilo, am oberen Ende die Tonne mit 250 Kilo Ziegeln. Sie blieb nur sehr kurz oben. Die Tonne rauschte runter, der Handwerker hoch (das Seil immer noch tapfer in der Hand). In seinem Unfallbericht schreibt er: »Etwa im Bereich des dritten Stockes traf ich die Tonne, die von oben kam.« Als sie unten auf die Erde aufschlug, brach der Boden heraus, und die Steine krachten nach unten durch. Nun wog die leere Tonne nicht mehr 250 Kilo, sondern vielleicht noch 25. Der Dachdecker oben am Seil war plötzlich schwerer – und der ganze Prozess lief umgekehrt ab. Er sauste zur Erde, der Tonnenrest nach oben. Glücklicherweise hat er mit einigen Knochenbrüchen überlebt. Trotzdem eine krasse Geschichte. Und wer ist schuld? Die Schwerkraft! Sie fällt wohl den meisten Menschen zuerst ein, wenn man sie fragt, was sie über Physik wissen. Wie schon in der Einleitung erzählt: Im Physikantenbüro hängt die dazu passende Postkarte mit der Aufschrift »Was ich über Physik weiß: Sachen fallen runter, und Strom schmeckt aua«. Da ist viel Wahres dran – und das fordert uns natürlich heraus, mal zu schauen, ob man sie nicht doch irgendwie austricksen kann, die Schwerkraft (oder die Gravitation, wie sie physikalisch korrekt heißt).

Da haben wir uns einen (entschuldigen Sie den Kalauer) echt schweren Gegner ausgesucht. Die Gravitation ist eine von vier Grundkräften der Physik, aber im Unterschied zu den anderen dreien[12] spüren wir sie täglich am eigenen Leib. Sie bestimmt unser Leben – im Guten wie im Schlechten. Die Schwerkraft als die Ausprägung der Gravitation auf der Erdoberfläche ist schuld, dass wir

12 Die anderen Grundkräfte sind der Elektromagnetismus, die »schwache Wechselwirkung« (verantwortlich u. a. für radioaktive Kernumwandlungen) und die »starke Wechselwirkung«, die den winzigen Atomkern zusammenhält.

hinfallen, sorgt aber freundlicherweise auch dafür, dass wir auf dem Planeten bleiben.

Kinder fallen nicht so tief

Das mit dem Hinfallen ist nicht so schlimm, wenn wir Kinder sind. Kleine Kinder purzeln ständig hin und stehen ebenso ständig wieder auf. Sie haben flexiblere Knochen und Gelenke und eine geringere Masse als Erwachsene. Außerdem fallen sie aus einer geringeren Höhe. Dadurch hat der Körper weniger Zeit, im Fallen zu beschleunigen. Je älter wir werden, desto weniger gerne fallen wir hin. Das ist auch sehr vernünftig, denn im Alter wird das Hinfallen immer gefährlicher. Beim Statistischen Bundesamt kann man erfahren, dass jedes Jahr etwa 10.000 Menschen durch einen Sturz im Haushalt sterben, meist beim Putzen. Das sind deutlich mehr Tote als durch Autounfälle (hier sterben jährlich nur ca. 3.500 Menschen). Die Konsequenz ist klar: Wer überleben will, lässt das Putzen sein!

Schwerkraft kann also eine gefährliche Geschichte sein. Dabei hat es mit ihr doch so harmlos angefangen, mit Isaac Newton und seinem Apfel (Sie kennen sicher die Legende, wonach Newton im Sommer 1665 unter einem Baum lag und sich fragte, wieso ein Apfel immer gerade zu Boden fällt. In einigen Berichten ist sogar die angebliche Sorte aufgeführt, »Flower of Kent«). Tatsächlich gelang es Newton als Erstem, die Schwerkraft in einer Formel zu beschreiben, dem Gravitationsgesetz. Davor hatte es ziemlich wilde Theorien gegeben, was Körper dazu anstiften könnte, nach unten zu fallen. Die Griechen, namentlich Aristoteles (384–322 v. Chr.), sahen den Kosmos als perfektes, abgeschlossenes System, Bewegungen generell als einen Prozess, der eines Antriebs bedarf, und »Stoff« als eine Mischung aus Feuer, Wasser, Erde und Luft. Nach dieser Theorie streben schwere Dinge, die aus den Elementen Erde und Wasser bestehen, zur Erde. Sie fallen demnach umso schneller, je schwerer sie sind. Die Elemente Luft und Feuer streben konsequenterweise nach oben.

Aristoteles' Weltbild hielt sich über 2.000 Jahre, weil es den Alltagserfahrungen sehr gut entsprach und alle Bereiche (Kosmos, Bewegung, Stoff) scheinbar ohne Widersprüche miteinander verbunden waren. Wer an Details rüttelte, wie Nikolaus Kopernikus mit seiner Entdeckung, dass die Erde sich als einer von mehreren Planeten um die Sonne dreht, erschütterte das ganze Gedankengebäude, an dem auch deshalb festgehalten wurde, weil es von der christlichen Kirche vertreten wurde. Im Mittelalter entwickelten arabische Gelehrte die Theorie zur Kraft zwischen Massen weiter, in unserer westlichen Welt konnten sich diese Entwicklungen allerdings immer noch nicht verankern.

Nutella fällt nicht schneller

Aber dann kam Galileo Galilei. Er läutete Anfang des 17. Jahrhunderts den Beginn der Physik ein, wie wir sie heute kennen. Galilei führte als einer der Ersten physikalische Experimente durch, z. B. zum freien Fall. Und er stellte mit klugen Gedankenexperimenten die bis dahin geltende Lehre infrage. Sein berühmtestes Gedankenexperiment ging so: Nach Aristoteles fallen schwere Gegenstände schneller als leichte. Was passiert aber nun, wenn man einen leichteren Gegenstand (z. B. eine Tafel Schokolade) unter einen schwereren Gegenstand (z. B. ein Nutella-Glas) legt und beides fallen lässt? Die Schokoladentafel müsste einerseits das Nutella-Glas abbremsen. Andererseits bilden die Tafel und das Glas (hoffentlich belassen Sie es zum Schutz des kostbaren Inhalts bei einem Gedankenexperiment!) zusammen einen schwereren Körper, der schneller fallen müsste als das Nutella-Glas allein. Das ist ganz offensichtlich ein Widerspruch! Das brachte ihn zu der Erkenntnis, dass alle Gegenstände gleich schnell fallen, wenn man den Widerstand durch die Luft vernachlässigen kann.

Getoppt wird Galilei auf der Skala der Gravitationsforscher aber eindeutig von Isaac Newton. 1687 veröffentlichte der sein Hauptwerk »Philosophiae Naturalis Principia Mathematica«, und die Bedeutung dieses Werkes für die Physik ist kaum zu überschätzen.[13] Er handelt darin »mal eben« den kompletten Bereich der Mechanik ab und liefert das Werkzeug dafür, nahezu jede Art von Bewegungen zu berechnen. Jede Physikstudentin und jeder Physikstudent verbringt das erste Semester fast nur damit, die newtonsche Mechanik anzuwenden, und lernt zu bewundern, dass all das nur auf den berühmten 3 newtonschen Axiomen beruht. In Newtons Buch taucht aber auch zum ersten Mal das Gravitationsgesetz auf, mit dem es gelingt, sowohl einen fallenden Apfel der Sorte »Flower of Kent« als auch die um die Sonne kreisenden Gestirne mathematisch zu beschreiben. Newtons Formel war also im Einklang mit den bahnbrechenden Beobachtungen von Galileo Galilei.

Jetzt ist es an der Zeit, sie endlich vorzustellen. Meine Damen und Herren, hier ist sie, die erste Formel für eine der vier Grundkräfte überhaupt (Tusch):

$$F_G = G \frac{m_1 m_2}{r^2}$$

Wer genau wissen möchte, was die Formel aussagt und wie man mit ihr rechnet, dem empfehlen wir den Klugschnackerkasten unter

13 Natürlich wollen wir keinen wichtigen Menschen unterschlagen, deshalb: Vor Newton hatte der Astronom Johannes Kepler (1571–1630) bereits drei wichtige Gesetze entwickelt, die die Planetenbahnen beschreiben. Robert Hooke (1635–1703) hatte die Idee, dass die Anziehung zweier Massen durch die Schwerkraft sich proportional zum Quadrat ihres Abstands verhält. Beides half Newton bei seinen Überlegungen zur Gravitationskraft.

diesem Kapitel. Für alle anderen ist erst einmal nur wichtig: Die Gravitation hängt ab von den Massen der beiden Körper, die im Spiel sind, und von ihrem Abstand zueinander. Denn die Gravitation betrifft alle Körper, die eine Masse haben, nicht nur Planeten: einen Elefanten, Ihr Auto, jedes einzelne Luftmolekül und eine Tonne voller Dachziegel. Und natürlich auch uns selbst.

Die Gravitation am Küchentisch

Als wir dieses Kapitel schrieben, saßen wir zusammen am Tisch und dachten: Eigentlich müsste man ja auch die Gravitationskraft zwischen uns beiden berechnen können. Wir müssen nur unser Gewicht und den Abstand in die Formel einsetzen! Das haben wir getan – und herausbekommen: Wenn wir, Marcus mit seinen 80 Kilo und Judith mit ihren 65 Kilo, uns mit einem Meter Abstand gegenübersitzen, beträgt die Gravitationskraft zwischen uns ganze 0,0000003364 Newton. Das entspricht der Gewichtskraft von 34 Mikrogramm, ist also lächerlich wenig. Es kostet nicht viel Anstrengung, diese Gravitationskraft zu überwinden und mit dem Stuhl ein Stück weiter wegzurutschen oder in die Küche zu gehen und einen Kaffee zu holen. Wenigstens diese Gravitationskraft können wir schon mal besiegen.

Schwieriger fühlt es sich morgens an, wenn es gilt aufzustehen, um Kaffee zu kochen. Aber da kämpfen wir ja auch gegen die Gravitation des gemütlichen Bettes und vor allem der Erde. Wie schwer Letztere ist, können wir auch mit dem Gravitationsgesetz ausrechnen. Wir stellen die Formel einfach um und kommen zu dem Ergebnis: Die Erde wiegt 5,97 Trilliarden Tonnen. Klingt heftig, dagegen kommen wir nicht an. Doch obwohl die Erde so viel schwerer ist, sind sie und wir doch gleichberechtigte Partner. Die Kraft wirkt zwischen beiden Körpern. Genauso, wie die Erde uns anzieht, ziehen wir auch die Erde an.

Der Darwin-Award und die Schwerkraft

Leider nützt uns das bei Stürzen wenig. Sehr viele spektakuläre Geschichten über die Schwerkraft enden tödlich: Die von dem Anwalt, der sich im 24. Stockwerk eines Hochhauses gegen ein Fenster warf, um zu demonstrieren, dass es stabil war (war es nicht). Oder die des Autofahrers, der sich während eines Staus einmal schnell auf dem Seitenstreifen erleichtern wollte, über die Leitplanke sprang und übersehen hatte, dass dort eine Schlucht war. Die »dümmsten« Todesfälle sammelt und prämiert seit mehr als 20 Jahren das Team des Darwin Awards. Aus seinen Listen stammen auch die beiden eben genannten Beispiele. Nicht immer geht es dabei um Schwerkraft. Ein Kriterium für den »Preis« ist, dass derjenige durch eigene Dummheit zu Tode gekommen ist. Aber weil die Schwerkraft allgegenwärtig ist, hat sie oft ihre Finger im Spiel.

Physikalisch spannend ist, dass man immer noch nicht weiß, wie die Gravitation genau funktioniert. Klar, Körper ziehen sich an – aber wie genau machen sie das? Von den anderen Grundkräften der Physik, zum Beispiel elektromagnetische Strahlung, weiß man, dass sie auf dem Austausch von Teilchen basieren. Sogenannte Austauschteilchen vermitteln die Kräfte von A nach B. Bei der elektromagnetischen Kraft sind das z. B. die Lichtteilchen, die Photonen. Könnte das bei der Gravitation ähnlich sein? Wissenschaftlerinnen und Wissenschaftler vermuten das. Und sie wissen auch schon, wie sie die Gravitationsteilchen nennen würden: Gravitonen. Die haben laut verschiedenen Theorien keine eigene Masse, aber einen bestimmten Eigendrehimpuls. Nachgewiesen wurde das Graviton bisher noch nicht. Mit Sicherheit weiß man aber, dass sich auch die Gravitationskraft mit Lichtgeschwindigkeit ausbreitet, wie Albert Einstein in seiner allgemeinen Relativitätstheorie schon vermutete. Vor einigen Jahren gelang es sogar zum ersten Mal, Gravitationswellen zu messen: Sie entstehen zum Beispiel beim Verschmelzen von zwei schwarzen Löchern, die ca. 1 Million Lichtjahre von der Erde entfernt sind. Dies verursacht Verformungen der Raumzeit. Albert Einstein wäre erstaunt gewesen – er hatte nie gedacht, dass Messungen dieser Präzision jemals möglich würden.

Warum schwebt das Essen auf der ISS?

Unserem Ziel, die Gravitationskraft wenigstens ein bisschen auszutricksen, sind wir damit noch nicht näher gekommen. Vielleicht ist das Weltall der Schlüssel dazu. Da ist doch keine Schwerkraft, oder? Doch! Dass es im All keine Gravitation gibt, ist ein weitverbreiteter Irrtum. »Im Weltraum wirkt die Schwerkraft nicht, daher schwebt das Essen der Astronauten«, behaupteten zum Beispiel die Stuttgarter Nachrichten auf ihrer Kinderseite. Ziel des Textes war, den Leserinnen und Lesern zu erklären, warum die Sandwiches der Raumfahrer nicht auf den Tellern bleiben, sondern durch die ISS schweben. Dazu kann man nur sagen: Kinder, glaubt ihnen kein Wort (natürlich nicht den Medien im Allgemeinen, sondern nur in diesem speziellen Fall)! Die Gravitationskraft wirkt im gesamten Universum. Überall. Muss sie ja auch, denn sonst würden alle Planeten unseres Sonnensystems fröhlich auseinanderdriften.

Es stimmt, dass die Anziehungskraft der Erde abnimmt, je weiter man sich von ihr entfernt. Die Internationale Raumstation ISS zieht in einer Höhe von 420 km ihre Kreise. Klar, dass da weniger Gravitationskraft herrscht als auf der Erde. Mithilfe des Gravitationsgesetzes kann man sogar leicht ausrechnen, wie viel weniger: 12 Prozent. Die Erde zieht also die ISS dort oben mit 12 Prozent weniger, also immer noch 88 Prozent der Kraft an, als wenn die Raumstation vor dem Aldi geparkt wäre.

Ist das nicht überraschend? Warum fällt die Raumstation dann nicht runter? Weil sie so schnell ist. Sie fliegt mit extrem hoher Geschwindigkeit – und wenn die Erdanziehungskraft nicht wäre, würde sie einfach unendlich weiter geradeaus zischen. Gut für die Astronauten, dass es die Erdanziehungskraft gibt: Sie zieht die ISS permanent ein bisschen zur Erde hin und biegt die Flugbahn ein wenig um. Bei der richtigen Geschwindigkeit gleichen sich die Bewegung der ISS und die Erdanziehungskraft genau aus – und die Raumstation fliegt auf einer schönen Kreisbahn um unseren Planeten.

Fast.

Die Schwerkraft gewinnt immer – so auch in diesem Fall. Deshalb muss die ISS ab und zu richtig Gas geben, um nicht runterzufallen. Wenn man sich die Flughöhe der Internationalen Raumstation über einen längeren Zeitraum hinweg anschaut, sieht sie so aus:

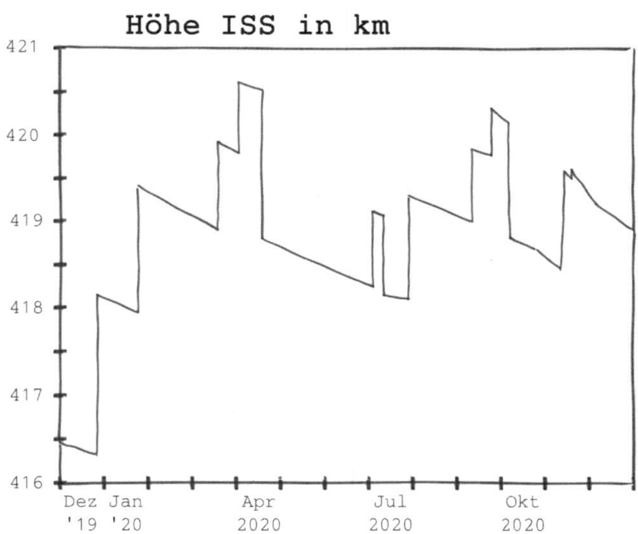

Dort, wo die Kurve senkrecht nach oben geht, wurde der Antrieb der ISS angeworfen. Denn auch in 420 km Höhe muss sich die Raumstation mit einem gewissen Strömungswiderstand auseinandersetzen. Auch dort oben gibt es eine Atmosphäre, wenn auch eine sehr viel »dünnere« als bei uns auf der Erde. Dieser atmosphärische Widerstand sorgt für Reibung – und dafür, dass die ISS langsamer wird. Deshalb muss die ISS alle paar Wochen einmal Gas geben und sich wieder auf die richtige Höhe bringen. Sie verliert langsam, aber sicher an Geschwindigkeit. Deshalb verlaufen die Linien im Diagramm leicht abwärts. Der Abstand zur Erde wird kleiner, bis zur nächsten Triebwerkszündung. Ohne zwischenzeitlichen Antrieb wäre das Gleichgewicht zwischen Schwerkraft und Zentrifugalkraft gestört, und die ISS würde wie in einem Strudel immer engere Kreise um die Erde ziehen, bis sie irgendwann abstürzen würde.

Jetzt wollen wir natürlich trotzdem wissen, warum denn nun das Essen der Astronauten schwebt! Und nicht nur das, auch die Astronauten schweben ja, schlagen Purzelbäume in der Luft und müssen sich anschnallen, wenn sie schlafen möchten. Sie sind in der ISS schwerelos. Das liegt aber nicht daran, dass es dort keine Erdanziehung gäbe. Im Gegenteil. Für die Raumstation und alles, was sich darin befindet, gelten die gleichen Prinzipien. Genau wie die Hülle der ISS fliegt das Sandwich der Astronauten mit 7,66 Kilometern pro Sekunde um die Erde und erfährt die gleiche Zentrifugalkraft. Genau wie die ISS erfährt das Sandwich aber auch die Schwerkraft der Erde. Zentrifugalkraft und Schwerkraft heben sich bei beiden auf. Das Sandwich verhält sich daher im Vergleich zur ISS in Ruhe. Es schwebt! Wenn man dem Sandwich nun einen Schubs verpasst, hat es streng genommen nicht mehr die gleiche Geschwindigkeit wie die ISS und müsste sich daher von der Erde entfernen oder sich ihr nähern. Dieser Effekt ist aber so gering, dass man ihn nicht bemerkt.

Das ist auch gut so, denn für die Astronauten ist Essen sehr wichtig. Sie sind schließlich monatelang im Weltraum und können nicht eben mal einkaufen gehen, wenn etwas nicht schmeckt. Die NASA betreibt ein »Space Food Lab«, um Gerichte zu entwickeln, die haltbar und lecker sind. Was sie mitnehmen, suchen die Astronauten selbst aus. Wie satt sie von dem Essen werden, das hat dann wieder etwas mit Schwerkraft zu tun. Wenn wir etwas essen, landet das normalerweise unten in unserem Magen. Von dort melden die sogenannten Mechano-Rezeptoren, dass etwas angekommen ist. Wenn das Essen aber im Magen schwebt, passiert das nicht immer. Das Sättigungsgefühl tritt deshalb später ein – erst, wenn der Magen sich leicht dehnt.

Schwerkraft-Cocktail

Auf einer Geburtstagsparty einer Freundin gab es neulich einen Cocktail, der nur durch die Schwerkraft möglich wurde (ja, ja, streng genommen bleibt jedes Getränk wegen der Gravitationskraft im Glas. Aber für diesen Cocktail gilt das eben besonders!) Der geht so:

Sie brauchen:

- Orangensaft
- Sekt oder Sprudelwasser, mit Lebensmittelfarbe blau gefärbt
- Sekt oder Sprudelwasser, mit Lebensmittelfarbe grün gefärbt
- Granatapfelsirup (ein anderer roter Sirup geht auch)

So geht's:

Füllen Sie etwas Orangensaft in ein Glas. Lassen Sie den Sirup mit einem Löffel vorsichtig hineinlaufen. Am besten halten Sie die Löffelspitze knapp unterhalb der Orangensaftoberfläche gegen den Glasrand. Weil der Sirup dank seines hohen Zuckergehalts schwerer ist als der Saft, sinkt er im Glas nach unten. Mit derselben Methode lassen Sie nun den blauen und grünen Sekt (oder das Wasser) nacheinander ins Glas laufen. Das hat noch weniger Zucker als der Saft und bleibt deshalb über ihm. Jetzt haben Sie einen schönen, bunt geschichteten Cocktail.

Erst wenn Sie umrühren, verschwinden die Dichteunterschiede, und die Farben vermischen sich. Wenn Sie kräftig rühren, lösen Sie wahrscheinlich auch das Kohlendioxid aus dem Sekt oder dem Sprudelwasser, und der Cocktail prickelt nicht mehr auf der Zunge.

So etwas gibt es auch in der Natur. Das ist dann nicht mehr lustig, sondern tödlich. 1986 starben 1.700 Menschen in Kamerun, weil sich aus einem See große Mengen Kohlendioxid lösten. Der Nyos-See ist sehr tief. Die unteren Wasserschichten enthalten extrem viel Kohlendioxid, weil auf ihnen ein hoher Druck lastet. Sie können sich das vorstellen wie eine zugeschraubte Flasche Sprudelwasser. Wenn nun aus irgendwelchen Gründen der See »umgerührt« wird, zum Beispiel durch einen Erdrutsch oder ein kleines Erdbeben, gelangt das kohlendioxidhaltige Wasser nach oben. Hier ist der Druck geringer, das Kohlendioxid kann nicht länger gelöst bleiben und wird gasförmig. Dabei reißen die Gasblasen Wasser mit nach oben, und eine gewaltige Umwälzung des Sees findet statt. 1986 gelangten so 1,6 Millionen Tonnen CO_2 in die Luft. Sie strömten in zwei benachbarte Täler und töteten viele Menschen und Tiere. Die Region ist heute Sperrgebiet. Damit das nicht auf ewig so bleibt, wurden lange senkrechte Röhren im See installiert. Das kohlendioxidhaltige Wasser schießt als ein 40 Meter hoher Dauer-Geysir durch die Röhren in die Höhe, und der CO_2-Anteil des Sees sinkt kontinuierlich.

Der Schwerkraft entkommen

Gibt es überhaupt irgendeine Möglichkeit für uns Menschen, die Gravitation zu überlisten? Ja, die gibt es. Hier sind drei Möglichkeiten:

- **Parabelflüge**: Ein Flugzeug schießt mit vollem Schub nach oben, drosselt dann die Triebwerke und beschreibt einen parabelförmigen Bogen erst nach oben und wieder zurück in Richtung Erde. In diesen 25–30 Sekunden sind die Menschen im Innern des Flugzeugs schwerelos. Der Pilot fängt die Maschine ab, indem er wieder voll durchstartet. Die Insassen werden auf den Boden des Fliegers gepresst – bis zur nächsten Schwerelosigkeit. Dieses Prozedere wiederholt sich pro Flug etwa 30-mal. Astronauten üben so für die Schwerelosigkeit im All. Andere bezahlen mehrere Tausend Euro, weil sie einmal erleben möchten, wie sich Schwerelosigkeit anfühlt. Gemeinsam haben alle, dass ihnen übel wird, sehr oft jedenfalls. Vor dem Start bekommen die Insassen ein Medikament, das den Magen beruhigen soll. Trotzdem werden die Flieger flapsig »Kotzbomber« genannt.
- Wem schnell flau im Magen wird, dem gefällt unsere nächste Schwerelosigkeits-Empfehlung vielleicht besser. Reisen Sie zum **Mittelpunkt der Erde**! Hier würden Sie nämlich von genau gleich viel Masse nach rechts gezogen wie nach links, nach oben wie nach unten, nach vorne wie nach hinten. Die Schwerkraft aller Bestandteile der Erde hebt sich gegenseitig genau auf. Leider würden Sie weder den 3,6 Millionen Mal höheren Druck noch die Temperatur von 7000 Grad Celsius besonders gut vertragen. Dann doch lieber Übelkeit.
- Der Geheimtipp: **Die Lagrange-Punkte**. Wer versucht, der Schwerkraft der Erde zu entkommen, darf nicht vergessen, dass um die Ecke noch die Sonne lauert. Sie wiegt 300.000-mal mehr als die Erde, und ihrer Schwerkraft kann man sich kaum entziehen – es sei denn, man nimmt diejenige der Erde zu Hilfe. Es gibt nämlich ein paar Stel-

len im Weltall, wo sich die Gravitationskraft der Erde und der Sonne sowie die Zentrifugalkraft gerade aufheben. Die Abstände zu Erde und Sonne bleiben dort immer gleich. Diese ganz wenigen Stellen kann man praktischerweise genau berechnen und sogar technisch nutzen. Sie werden Lagrange-Punkte genannt und lassen sich an einer Hand abzählen: Es sind genau fünf.

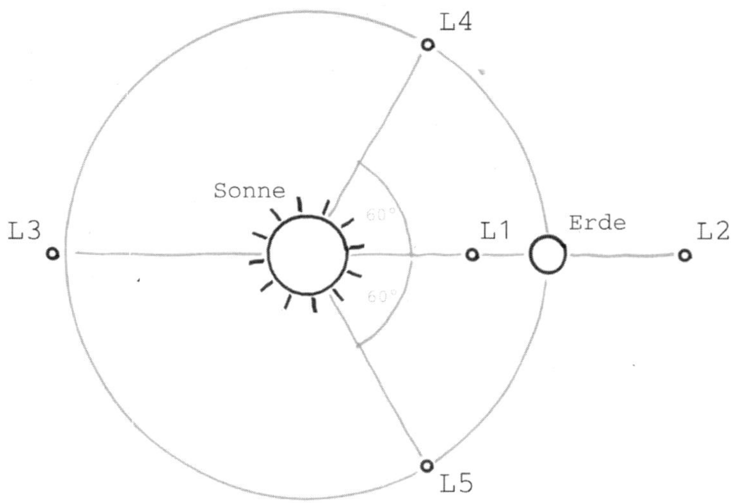

An den Punkt L2 wird der Nachfolger des Hubble-Teleskopes gebracht werden. Vorteil: Er muss nicht wie ein Nullachtfünfzehn-Fernsehsatellit dauerhaft um die Erde kreisen, sondern bleibt hinter der Erde von der Sonnenstrahlung abgeschirmt. Ein anderer Lagrange-Punkt, L3, regt von jeher die Fantasie von Science-Fiction-Autoren an. Er liegt von der Erde aus gesehen genau hinter der Sonne und kommt in verschiedenen Büchern und Filmen als möglicher Standpunkt für eine »Gegenerde« vor, also ein Planet, der genau so aussieht wie die Erde, den wir aber nie zu Gesicht bekommen, weil er immer genau auf der anderen Seite der Sonne kreist. Physikalisch plausibel ist das nicht: Wenn es dort eine weitere Erde gäbe, hätte diese ja auch eine Masse mit einer eigenen Anziehungskraft. Das würde das ganze System aus dem Gleichgewicht bringen. Trotzdem hat die Idee einige lustige Geschichten hervorgebracht: Im Film *Unfall im Weltraum* von 1969 landen Astronauten auf der Gegenerde und stellen fest, dass dort alles genauso ist wie bei uns, nur spiegelverkehrt. Die Möbel stehen auf der anderen Seite des Zimmers, und die Organe liegen auf der falschen Seite im Körper. Sogar im Kinderbuch *Urmel fliegt ins All* gibt es einen solchen Planeten. Er heißt Arutuf – das ist »Futura« rückwärts. Vielleicht wirkt dort ja auch eine rückwärts gerichtete Schwerkraft. So rein theoretisch.

Auf unserer aktuellen Erde kommen wir um die Schwerkraft nicht herum. Als wir darüber nachdachten, welche Missgeschicke sie uns schon bereitet hat, fiel uns Henning Timmer ein, der Sänger von Marcus' Schülerband. Er lief damals, das ist schon Jahrzehnte her, einmal durch die Straßen unserer Stadt, als aus einem Fenster weiter oben ein Sofa auf ihn fiel. Falls Sie sich das jetzt vorstellen wie in einem Zeichentrickfilm: Ganz so war es glücklicherweise nicht. Das Sofa streifte ihn lediglich, er kam mit einem Schreck und Kratzern davon. Glück gehabt. Denn wenn so ein Sofa einmal fällt, hat die Schwerkraft es fest im Griff – und wir haben dem nichts entgegenzusetzen.

Alltags-Störfaktor
Lifehack-Faktor
Katastrophenpotenzial

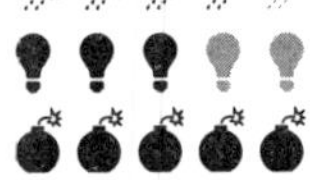

Für Klugschnacker – Das Gravitationsgesetz

$$F_G = G\,\frac{m_1 m_2}{r^2}$$

So sieht es aus, wenn man es in eine Formel gießt: das Gravitationsgesetz. Was sagt uns dieses Gesetz genau? Es beschreibt die Anziehungskraft, die zwischen zwei Körpern aufgrund ihrer Masse wirkt. Kräfte heißen in der Physik immer »F«, das-Force«. Die Abkürzung für die Kraft der **G**ravitation heißt deshalb $\mathbf{F_G}$.

Mit der Formel können wir ausrechnen, wie stark die Anziehungskraft zwischen einer Person und dem Planeten ist, auf dem sie steht. Fangen wir vorne an: Auf der rechten Seite der Gleichung steht **G** – eine sehr kleine, unveränderliche Konstante, die in Laboren mit großem Aufwand gemessen wurde. Ihr Wert beträgt 6.67430 x 10^{-11} m^3 / (kg s^2). Für uns interessanter sind die Massen der beteiligten Körper, also Mensch und Planet. In der Formel heißen die $\mathbf{m_1}$ und $\mathbf{m_2}$.

Je größer die Massen sind, desto größer die Anziehungskraft. Die Gravitationskraft ist also proportional zu beiden Massen. Wäre die Erde halb so schwer, würde die Waage beim morgendlichen Check nur die Hälfte anzeigen.

Natürlich muss auch der Abstand zwischen den Massen, hier **r** genannt, eingehen. Je näher die Körper sich sind, desto stärker ziehen sie sich an. Gerechnet wird vom Schwerpunkt aus – im Fall eines Planeten vom Erdmittelpunkt.

Wäre der Erdradius bei gleicher Masse also nur halb so groß, befänden wir uns automatisch näher an ihrem Schwerpunkt. Die Anziehungskraft würde sich dramatisch erhöhen. Und nicht nur das! In der Formel steht $\mathbf{r^2}$: Bei halbem Abstand zum Schwerpunkt würde sich die Gravitationskraft vervierfachen. Aus diesem Grund ist es in der Nähe von Neutronensternen mit ihrer unglaublich großen Dichte auch so ungemütlich.
Etwas besser ist es, wenn Sie auf dem Mars stehen: Der rote Planet wiegt nur ungefähr ein Zehntel der Erde. Das verringert Ihre Anziehungskraft auf dem Marsboden deutlich. Da er gleichzeitig nur halb so groß ist wie die Erde, liegt sein Schwerpunkt viel näher an Ihnen, und die Verringerung der Kraft wird ein wenig ausgeglichen. Zusammen führen diese Effekte dazu, dass eine Badezimmerwaage uns auf dem Mars nur das 0,38-Fache unseres Erd-Gewichtes anzeigen würde. Vielleicht können unsere Kinder oder Enkelkinder irgendwann mal hinfliegen und das ausprobieren.

Treibhauseffekt im Kinderzimmer

Warum Fenster Licht hereinlassen, aber Hitze nicht wieder raus – und wie das unseren Planeten gefährdet

Große Fenster, helle Räume: Darauf hatten wir uns am meisten gefreut, als wir neu in unser Haus zogen. Endlich raus aus der dunklen Dachwohnung, rein in ein sonniges Reihenhaus mit Garten. Okay, mit Gärtchen. Aber trotzdem: Die Fenster im Wohnzimmer gehen bis zum Boden, durch eine Tür in der Glasfront tritt man direkt auf die Terrasse. Nur unseren Kindern war es offenbar *zu* hell – jedenfalls bauten sie als Erstes eine Höhle. Im Wohnzimmer, während die neuen Kinderzimmer im obersten Stockwerk unbespielt blieben. Die Großeltern hatten ihnen dafür extra Spielpolster geschenkt: knapp einen Quadratmeter große Schaumstoffrechtecke, liebevoll mit selbst genähten Bezügen bedeckt. Mit diesen Polstern, Stühlen und vielen Decken bauten die Kinder ein großartiges »Haus im Haus«, aus dem sie nur auftauchten, um Salzstangen, Zwieback oder Schokoriegel in die Höhle abzuschleppen.

Nach drei Tagen war drinnen offenbar ein Zustand erreicht, der den Höhlenbewohnern unangenehm war. »Da drin muss mal gesaugt werden«, erklärte unser Sohn, »aber ihr dürft sie nicht abbauen!«

Die Höhle stand drei weitere Tage lang. Dann setzte sich unsere Tochter versehentlich in einen halb geschmolzenen Schokoriegel, und die Kinder erteilten uns die Genehmigung zum Abriss. Gemeinsam sammelten wir die Polster ein. Doch als unsere Tochter das letzte vom Fenster abzog, stieß sie einen Schrei aus: »Die Scheibe ist Schrott!« Tatsächlich: Die bodentiefe Fensterscheibe hatte einen langen Riss. Wir waren stocksauer auf die Kinder – bestimmt hatten sie beim Spielen mit einem Bauklotz oder Ähnlichem gegen die Scheibe geschlagen! Aber sie schworen, das härteste, was sie in die Höhle mitgenommen hätten, sei der Zwieback gewesen.

Unser Ärger schwenkte um auf den Bauträger. Schließlich war das Haus ganz neu, wir hatten quasi noch Garantie. Wir riefen an, beschwerten uns und bekamen die Scheibe ersetzt. Kurz herrschte Ruhe. Aber einige Wochen später hatte die Scheibe im Kinderzimmer einen Riss. Auch dieser Raum hatte ein großes Fenster, das bis zum Boden ging. Diesmal verdächtigten wir gar nicht erst die Kinder, sondern direkt den Bauträger. Was für Schrottfenster hatte der denn verbaut?

Doch bei unserem erneuten Beschwerde-Anruf bekamen wir eine Abfuhr: »Haben Sie vielleicht etwas an die Scheibe gelehnt?«, fragte die Frau am Telefon genervt, »ein Kissen oder so?« Marcus stand mit dem Telefon mitten im Kinderzimmer. Tatsächlich: An dem kaputten Fenster lehnte eines der Höhlen-Bau-Polster. Es war so dunkelrot wie Marcus' Gesicht in diesem Moment. Kleinlaut legten wir auf und räumten das Polster weg. Der Stoff war warm – es war Frühsommer, und die Sonne knallte auf die Fensterscheibe. Offensichtlich hatte sie das Polster erhitzt, und das hatte dem Fenster nicht gefallen. Aber wieso kam die Scheibe mit dem warmen Sonnenlicht von draußen zurecht, nicht aber mit der Wärme des Polsters? Die Antwort auf diese Frage führt tief hinein in die Physik. Und am Ende liefert das Polster an der Fensterscheibe sogar die Erklärung, warum unser Planet durch den Klimawandel bedroht ist.

Aber von Anfang an: Das Sonnenlicht fällt auf das Kinderzimmerfenster, und die Scheibe lässt das Licht ungehindert hindurch (dafür ist sie ja da). Trotzdem müssen wir hier bereits das erste Mal genauer hinschauen. Denn »DAS« Sonnenlicht gibt es nicht. Das Licht der Sonne besteht aus einem ganzen Spektrum von Wellenlängen. Einige davon können wir sehen, andere nicht. Genau genommen sehen wir auf der Erdoberfläche nur einen erschreckend kleinen Teil des Lichts, wie die folgende Grafik zeigt.

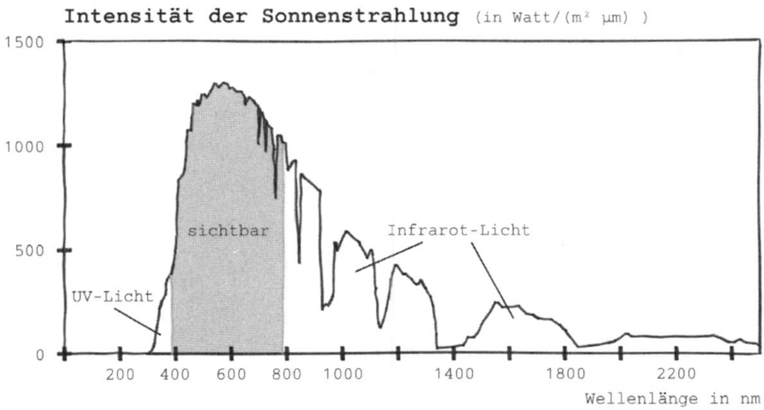

Auf der waagerechten Achse ist die Wellenlänge des Lichtes in Nanometern (milliardstel Meter) aufgetragen. Die linke Achse zeigt die Strahlungsenergie, die mit diesem Licht auf der Erde ankommt. Was wir sehen, ist nur der gefärbte Bereich! Dieses sichtbare Licht hat eine Wellenlänge von etwa 380–780 Nanometern. Es enthält viel Energie, sogar mehr als das Licht aller anderen Wellenlängen des Sonnenlichts zusammen.

Links unten neben dem sichtbaren Licht ist noch ein Zipfel mit ultraviolettem Licht zu erkennen. Dieses Licht können wir nur indirekt sehen, wenn es als Sonnenbrand unsere Haut rot färbt oder wenn es Neon-Farben strahlen lässt. Auf der Zeichnung rechts neben dem sichtbaren Licht beginnt der breite Bereich des Infrarotlichts. Diese Lichtfrequenzen sind harmlos für uns, und sehen können wir sie auch nicht. Einige Schlangenarten haben uns da etwas voraus: Sie besitzen das sogenannte Grubenorgan, mit dem sie Infrarotstrahlung wahrnehmen können. Diese Tiere sehen quasi ein Wärmebild ihrer Umgebung. Das ist praktisch, um nachts zu jagen. Das Grubenorgan ist am Kopf der Schlangen gut zu sehen: Es handelt sich um zwei kleine Vertiefungen rechts und links jeweils zwischen Nasenlöchern und Augen.

Wir Menschen haben so etwas leider nicht, aber wir haben Wärmebildkameras. Damit können wir Wärmelecks an Häusern finden oder einfach lustige Bilder machen, auf denen man erkennt, dass die Nasenspitze kühler ist als die Stirn. Wenn Sie gern basteln und das einmal ausprobieren möchten, finden Sie im Internet Anleitungen, wie Sie eine einfache Webcam für den PC zur Infrarotkamera umbauen können. Denn meist haben diese Webcams einen Filter, der das Infrarotlicht herausfiltert. Wenn Sie den ausbauen, haben Sie eine Wärmebildkamera. Oder Sie besorgen sich einen Wärmebild-Kamera-Aufsatz für Ihr Handy.

Wenn wir eine Wärmebildkamera auf unser Polster an der Scheibe richten, sehen wir deutlich, was wir schon gefühlt haben: Der Stoff ist richtig warm. Das liegt daran, dass Sonnenlicht in seiner ganzen Pracht ziemlich gut durch unser Fenster hindurchkommt. Wenn es das geschafft hat, trifft es jedoch innen am Fenster auf das rote Polster – und im Unterschied zur Scheibe lässt das Polster das Licht nicht durch. Es reflektiert das rote Licht aus dem Sonnenlicht (darum sehen wir den Stoff rot), den Rest nimmt es in sich auf: Das Polster absorbiert das Licht. Die Ausbreitung des Lichts wurde also vom Polster gestoppt, seine Energie ist aber erhalten geblieben. Sie steckt jetzt im Polster – und das wird heiß.

Nun muss das Polster mit der Wärme irgendwohin. Vergleichen wir die Situation mit einem heißen Becher voller Kakao, den Sie in Ihren Händen halten. Er hat mehrere Möglichkeiten, seine Wärme loszuwerden – und von denen macht er auch Gebrauch.

1. Bereitwillig gibt der Becher Wärme an Ihre Finger ab, einfach dadurch, dass die durch die Hitze schnell schwingenden Atome der Becherwand ihre Bewegungsenergie an die Haut Ihrer Finger übertragen. Das ist die **Wärmeleitung**.
2. Über Ihrem Kakao steigt warme Luft nach oben. Kalte Luft wird von den Seiten nachgezogen. Sie berührt den warmen Kakao, wird dort durch Wärmeleitung wieder

erwärmt und steigt wiederum nach oben. Diese Wärmeverteilung durch Luftbewegung nennt man **Konvektion**. Die Konvektion ist z. B. sehr wichtig, um die Wärme vom Heizkörper in Ihrer Wohnung zu verteilen.

Gäbe es nur diese beiden Möglichkeiten des Wärmetransports, dann könnten wir die perfekte Isolierung bauen: Wir gießen den Kakao in eine richtig dicht verschließbare Dose, schrauben sie fest zu und hängen sie an einem ganz dünnen (und sehr schlecht Wärme leitenden) Faden in eine Vakuumkammer und saugen die Luft komplett ab. Bingo!

Jetzt kann unser Kakao die Wärme an nichts mehr weiterleiten, weil er (außer den Faden) nichts mehr berührt. Auch die Konvektion funktioniert nicht, aus akutem Luftmangel. Sie ahnen schon, dass die Sache einen Haken hat. (Richtig, oben in der Vakuum-Glocke. Witz!) Es gibt nämlich noch eine dritte Art des Wärmetransports:

3. Die **Wärmestrahlung**. Ob er will oder nicht: Jeder Körper gibt elektromagnetische Strahlung ab, im Fall des warmen Kakaos Infrarotstrahlung. Man könnte sagen, das ist Infrarotlicht, das wir nicht sehen können. Und so verliert unser Kakao auch in der Tupperdose immer mehr Energie, also Wärme. Bis – ja, bis er keine mehr hat? Ganz so ist das nicht. Da ja *alle* Körper Wärmestrahlung aussenden, tut das auch die Vakuumkammer und das ganze Zimmer drum herum. Der Kakao nimmt also auch Wärmestrahlung auf. Die Temperatur des heißen Kakaos nimmt nur so lange weiter ab, bis er so kalt ist wie seine Umgebung. Dann heben sich die Wärmeverluste durch Wärmestrahlung gegenseitig auf, und alle Körper im Raum sind im Gleichgewicht.

Die Sache mit der Wärmestrahlung ist ein kompliziertes Geschäft. Bis Ende des 19. Jahrhunderts versuchte man vergeblich, sie mit Formeln in den Griff zu kriegen, um zu berechnen, wie viel und welche Energie von Körpern unterschiedlicher Temperatur ausgesendet wird. Eine Modellierung gelang erst dem berühmten Physiker Max Planck im Jahr 1900 mit seinem Planckschen Strahlungsgesetz.

Plancks Entdeckung war eine Revolution. Denn damals dachten viele Physiker, sie hätten die Welt komplett verstanden. Als Max Planck sein Physikstudium aufnahm, wurde ihm erklärt, dass schon fast alles erforscht sei und es nur noch gelte, unbedeutende Lücken zu schließen. Das war falsch. Max Planck schaffte es nicht nur, mit seiner Formel alle anderen schon bekannten Zusammenhänge zur Wärmestrahlung ohne Widersprüche abzudecken, sondern er wurde ungewollt zum Entdecker einer neuen Naturkonstante: Bereits bekannt waren die Lichtgeschwindigkeit (unten in der Formel als »c« sichtbar) und der Boltzmann-Faktor »k«. Bei Max Planck tauchte erstmals das Planck'sche Wirkungsquantum »h« auf. Diese winzig kleine Zahl, die Planck in seine Rechnung eingefügt hat, führt dazu, dass sich mit dieser Formel präzise berechnen lässt, wie viel Wärme ein Körper abstrahlt. »Nebenbei« war das außerdem die Geburtsstunde der Quantenphysik, aber das hat sich erst nach und nach herausgestellt. Das Plancksche Strahlungsgesetz sieht als Formel so aus:

$$B_\nu(T) = \frac{2h\nu^3}{c^2}\frac{1}{e^{h\nu/kT} - 1}$$

Ziemlich abschreckend? Keine Angst! Wie bei den meisten Formeln ist die Aussage sehr einleuchtend: Sie besagt, dass ein Körper mit einer bestimmten Temperatur *immer* Energie in einem bestimmten Wellenlängenbereich ausstrahlt. Max Planck arbeitete hier mit einem erdachten »idealen Schwarzen Körper«. Setzt man die Temperatur der Sonne (ca. 6.000 Grad) in die Formel ein, erhält man ein Strahlungsspektrum, das ähnlich aussieht wie unsere Zeichnung oben mit dem sichtbaren und unsichtbaren Sonnenlicht.

Auch unser heißes Polster ist ein Körper, der Energie abstrahlt. Seine genaue Temperatur konnten wir leider nicht messen, weil wir ja den Schaden am Fenster erst bemerkten, als es schon zu spät war. Wir können sie aber abschätzen (schätzen finden Physiker immer toll, wenn sie keine Ahnung haben). Also los: Unser Fenster besteht aus normalem Zweifach-Isolierglas. Solche Scheiben können es aushalten, wenn sie an verschiedenen Stellen unterschiedlich heiß werden. Denn es kommt ja vor, dass die Sonne morgens in die obere linke Ecke scheint und dann nach unten wandert. Aber die Toleranz der Scheibe hat eine Grenze.

Unsere Scheibe hat, so sagt es der Hersteller, eine Temperaturwechselbeständigkeit von 40 Grad Celsius. Die Temperatur an der Scheibe kann also links oben 20 Grad betragen (= normale Raumtemperatur), rechts unten beim Polster aber 60 Grad, ohne dass wir Glasbruch befürchten müssen. Bei uns muss der Unterschied größer gewesen sein, denn die Scheibe ist ja geplatzt. Nehmen wir also mal an, dass das Polster die Scheibe unten rechts auf 70 Grad erhitzt hat.

Nun kommt Max Planck ins Spiel! Wir geben die Temperatur von 70 Grad in seine Formel ein und sehen: Das Polster strahlt am meisten Wärme bei einer Wellenlänge von 8.500 Nanometern ab. Diese Strahlung trifft hauptsächlich das Fenster, an dem es lehnt. Das Polster hat sein Energieproblem damit erst mal gelöst. Mission erfüllt, Wärme abgestrahlt!

Leider hat nun das Fenster ein Problem. Denn das Polster lädt Strahlung in einem Wellenbereich auf ihm ab, mit dem das Fenster gar nichts anfangen kann. 8.500 Nanometer, das ist kein Bereich für sichtbares Licht, sondern reine Wärmestrahlung. Unser neues, helles, lichtdurchflutetes Reihenhaus hat natürlich Energiesparscheiben. Und die sind dafür gemacht, Wärme *drinnen* zu halten.

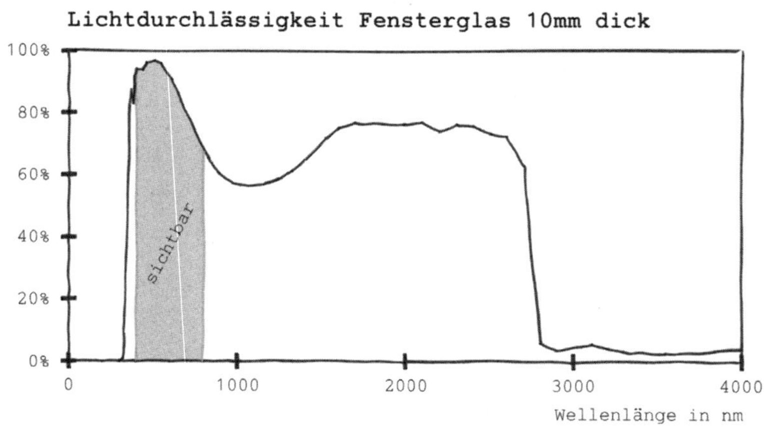

Hier[14] sehen Sie, wie die Lichtdurchlässigkeit moderner Scheiben aussieht: Das sichtbare Sonnenlicht von draußen mit einer Wellen-

14 Quelle: M. Rubin. Optical properties of soda lime silica glasses, Sol. Energy Mater. 12, 275–288 (1985).

länge zwischen 380–780 Nanometern wird dankbar durchgelassen, damit es schön hell ist im Haus. Auch ein großer Teil des für uns unsichtbaren Infrarotlichts dringt durch die Fenster (weshalb Sie mit einer Infrarot-Fernbedienung auch durch eine Fensterscheibe hindurch Ihren Fernseher anschalten könnten). Aber achten Sie einmal auf den rechten Rand der Zeichnung: Wir befinden uns hier bei knapp 4.000 nm, und die Scheibe lässt schon in dieser Wellenlänge quasi *nichts* mehr durch. Für noch größere Wellenlängen gilt dasselbe. Die Strahlung von 8.500 nm, die von unserem Polster kommt, gelangt also nicht durch die Scheibe. Simpel gesagt: Die Scheibe lässt das Sonnenlicht rein, die Wärme aber nicht wieder raus.[15]

Das Polster bekommt davon natürlich nichts mit. Es strahlt immer weiter Wärme ab. Die Energie staut sich an der Stelle, wo der Stoff am Fenster lehnt, das Glas dort erhitzt sich mehr und mehr. Und was tut die Scheibe? Sie versucht, sich auszudehnen, wie warme Körper das so machen. Aber viel Platz hat das Glas ja nicht. Es gerät immer mehr unter Spannung – bis es schließlich springt.

Sie können diesen Effekt in einem zerstörerischen Experiment nachmachen, wenn Sie kochendes Wasser schnell in ein Trinkglas gießen (natürlich stellen Sie das Glas dafür in ein Waschbecken oder einen Eimer und halten es nicht in der Hand). Sofern Sie kein Latte-macchiato-Glas oder Marmeladenglas mit extra dicken Wänden nutzen, sind die Chancen gut, dass es platzt. Das Glas wird dort, wo das Wasser hineingegossen wird, in kurzer Zeit sehr, sehr heiß. Es möchte sich ausdehnen, schafft das aber nicht schnell genug. Deshalb springt es. Wenn Sie das kochende Wasser dagegen langsam hineingießen und immer mal wieder etwas warten, wird das Glas überleben.

---

15 Das ist natürlich eine prima Sache für Backofenfenster. Auch die sollen ja die Wärme nicht durchlassen.

Die Nudelsaucen-Katastrophe

Unfreiwillig haben wir dieses Experiment vor kurzer Zeit selbst gemacht. Bei den Physikanten ist es Brauch, dass wir als Team jeden Mittwoch gemeinsam essen. Reihum ist jeder mal dran, ein Mittagessen mitzubringen oder im Büro zu kochen. Wir haben keine voll ausgestattete Küche, aber im Lager steht eine Küchenzeile mit Spüle, Kühlschrank und zwei elektrischen Kochplatten. Auf einer dieser Platten wollten wir eine Nudelsauce erwärmen (sehr lecker, Käsesahne mit Pilzen und kleinen Tomaten). Leider befand sich die köstliche Sauce in einem Topf aus Glas. Dieser war zwar für den Backofen geeignet, die lokale Wärme von Stufe neun unserer Elektrokochplatte überforderte ihn aber offenbar. Es knackte, und auf etwa einem Drittel der Höhe zog sich ein sauberer Riss rund um den Topf. Die sahnige Sauce ergoss sich über den Kühlschrank, auf dem die Kochplatte steht, bis auf den Boden. Glücklicherweise haben wir immer ein Glas Pesto im Schrank.

Aber es gibt Schlimmeres als verschüttete Nudelsauce! Sonnenlicht strahlt ein, die Wärme kann aber nicht wieder raus, erinnert Sie das an etwas? Genau. Den Treibhauseffekt. Dasselbe Phänomen wie an der Scheibe im Kinderzimmer haben wir auf unserem Planeten – nur mit Gas statt Glas. Die Funktion der Fensterscheibe übernehmen verschiedene Gase, die wir auf der Erde produzieren und die sich in der Atmosphäre sammeln. Kohlendioxid ist eines davon, aber auch Methan, Stickoxide und Wasserdampf. Diese Gase machen zwar weniger als ein Prozent der Atmosphäre aus, aber sie sorgen dafür, dass Wärme von der Erde nicht mehr ins Weltall abgestrahlt werden kann, sondern von der Gasschicht absorbiert wird. Diese strahlt sie dann in alle Richtungen, aber eben auch zurück in Richtung Erde, wo es wärmer und wärmer wird.

Treibhaus Erde: Gas statt Glas

Und es gibt noch ein weiteres Gas, das für den Treibhauseffekt verantwortlich ist: Wasserdampf. Er verursacht ungefähr zwei Drittel des natürlichen Treibhauseffekts. Und er ist Teil eines Teufelskreises: Durch den Klimawandel erwärmen sich Meere und andere Gewässer. Je wärmer die werden, desto mehr Wasser verdunstet aus ihnen – und desto mehr Wasserdampf gelangt in die Atmosphäre. Diese kann nur eine bestimmte Menge Wasserdampf aufnehmen. Doch je wärmer es wird, desto mehr Wasserdampf kann die Atmosphäre speichern. Die höhere Menge Wasserdampf wiederum verhindert noch stärker, dass Wärme ins Weltall abgegeben wird. Stattdessen wird sie zurück auf die Erde gestrahlt. Es wird wärmer, und mehr Wasser verdunstet. Eine positive Rückkopplung, ein sich selbst verstärkender Prozess, der die Erde wie ein Gewächshaus weiter und weiter erhitzt.

Gärtner wissen deshalb, dass man ein harmloses Gewächshaus im Garten immer ausreichend lüften muss und es außerdem mit Schatten spendenden Rollos oder Abdeckungen versehen sollte. Was ein ungedämmtes Treibhaus anrichten kann, haben Judiths Eltern vor längerer Zeit erlebt. Sie bauten mithilfe eines Architekten ein Gewächshaus auf ihr Garagendach. Kein fertiges, kleines Garten-Gewächshaus, sondern eine individuelle, moderne Konstruktion aus Balken und Glas, die beinahe das gesamte Garagendach einnahm und die man durch das Obergeschoss des Hauses betreten konnte. Hier sollten die großen Kübelpflanzen überwintern, die sonst auf der Terrasse standen: ein Zitronenbaum, eine Olive und ein großer Bleiwurz mit hellblauen Blüten – alles Pflanzen, die aus warmen Gegenden kommen und deutsche Winter eher nicht schätzen. Im Gewächshaus, so die Idee, hätten sie angenehme Temperaturen und ausreichend Licht.

Das mit dem Licht stimmte.

Was die Temperaturen anging, hatte der Architekt die Wirkung des Treibhauseffektes komplett unterschätzt. Die Pflanzen verbrannten einfach. Sogar im Winter! Nur ein paar Sonnenstrahlen genügten, um den Raum auf dem Garagendach in eine Todeszone zu verwandeln. Die Tatsache, dass die Glaswände bei diesem besonderen Gewächshaus schräg standen und der Sonne besonders viel Einfallsfläche boten, verstärkte den Effekt noch.

Nach dem ersten Winter entsorgten Judiths Eltern das verbrannte Gestrüpp, kauften neue Pflanzen und rüsteten das Glashaus mit Jalousien nach. Ein paar Jahre lang tat das Gewächshaus so seinen Dienst. Leider kristallisierte sich im Lauf der Zeit ein weiteres Problem heraus: Der Transport der schweren Kübel auf das Garagendach. Denn wir sprechen hier nicht von Blumentöpfen, die man einfach die Treppe hochträgt. Der Zitronenbaum beispielsweise stand in einem Tonkübel mit 500 Liter Erde, geschätztes Gesamtgewicht: 750 Kilo.

Der Architekt hatte hierfür einen Flaschenzug vorgesehen. An der Garagenwand war eine Stange angebracht, an der oben eine Rolle befestigt war, über die ein Seil lief. Damit hievten Judiths Eltern die schweren Kübel hoch. Ihr Vater befestigte unten die Kübel und zog, ihre Mutter stand auf dem Dach der Garage und nahm sie entgegen.

Irgendwann musste sich die Stange gelockert haben. Als Judiths Mutter jedenfalls einen Kübel annehmen wollte und sich an der Stange abstützte, brach die Stange heraus, und sie fiel vom Garagendach. Glücklicherweise stand unten nicht nur Judiths starker Vater, sondern auch eine Schubkarre mit Erde. Judiths Mutter landete genau darin und blieb unverletzt. Trotzdem wurden seit diesem Tag keine Pflanzkübel mehr auf die Garage hochgezogen.

Der Wintergarten erfuhr einen weiteren Umbau: Ein Teil der Glasscheiben wurde durch isolierte, feste Wände ersetzt. Ein Arbeitszimmer hatte im Haus ohnehin gefehlt. Der Zitronenbaum überwintert nun in der Garage, beleuchtet von einer Pflanzenlampe, die mediterrane Sonne von 8–18 Uhr vorgaukelt. Und der Olivenbaum bleibt den Winter über draußen auf der Terrasse. Bisher hat er das überlebt – der Klimawandel spielt in diesem Fall für ihn.

Alltags-Störfaktor
Lifehack-Faktor
Katastrophenpotenzial

Hochhaus verbrennt Auto

Warum der Brennglaseffekt richtig gefährlich werden kann, uns aber hilft, einen perfekten Lidstrich zu ziehen

Die Spiegeleier brutzelten appetitlich vor sich hin, das Eiweiß war schon beinahe fest. Eigentlich lecker – hätte die Pfanne nicht auf der Motorhaube eines Autos gestanden, mitten in der Londoner Innenstadt. Dort, im Bankenviertel, war es im Frühsommer 2013 heiß. Sehr heiß. Schuld daran war nicht der Klimawandel, sondern ein Hochhaus.

Normalerweise sorgen Hochhäuser ja eher für Ärger, weil sie ihren Nachbarn Licht wegnehmen. Dieses tat das Gegenteil: Es schickte gebündelte Sonnenstrahlen zur Erde, die Fahrradsättel schmelzen ließen und es Reportern erlaubten, auf Autos Spiegeleier zu braten. Auch der Lack eines Jaguars schmolz, Parkplätze mussten gesperrt werden.

Der Grund für die »death rays« (Todesstrahlen), wie die britische Presse sie nannte, war die besondere Form des Gebäudes Nummer 20, Fenchurch Street: Die Südfassade besteht komplett aus verspiegeltem Glas und ist außerdem konkav, also nach innen gewölbt. 2013 war das revolutionär, denn es war noch nicht lange möglich, so gebogene Fassaden zu bauen. Entsprechend teuer war das Projekt: 200 Millionen Pfund hatte das Hochhaus gekostet. Dafür bekamen die Londoner einen 160 Meter hohen Turm aus Büros, einem Restaurant, einem botanischen Garten und einer Aussichtsplattform.

Sie waren nicht besonders dankbar dafür – aus verständlichen Gründen. Schon während der Bauzeit kam es zu ersten Unfällen mit den »Todesstrahlen«. »Ein Gast sprach mich an und sagte, wir hätten ein ernstes Problem«, berichtete die Besitzerin eines Cafés einem Journalisten. »Ich ging raus auf die Straße und sah, dass ein Stuhlkissen qualmte.« Passanten erzählten von dem Gefühl, dass ihre ausgestreckten Hände verbrannten. Auf Filmaufnahmen messen Thermometer in den Straßen vor dem Gebäude 46,5 Grad im Schatten. Offenbar genügten wenige Sonnenstrahlen, um das Hochhaus wie ein Brennglas wirken zu lassen.

Physikalisch ist das einleuchtend. Die Südfassade des Gebäudes ist nach innen gewölbt und aus verspiegeltem Glas. So was nennt man einen Hohlspiegel. Und der tat, was ein Hohlspiegel tun muss: möglichst viel Licht einsammeln und auf einen Punkt fokussiert wieder abgeben. Diesen Punkt nennt man Fokus oder auch Brennpunkt – im Fall des Londoner Hochhauses eine durchaus passende Bezeichnung.

Mit einer geraden Fassade wäre das nicht passiert. Licht, das auf einen normalen, geraden Spiegel fällt, wird im selben Winkel wieder reflektiert, in dem es eingefallen ist. Das ausfallende Licht verteilt sich also genauso breit wie das einfallende. Das ist der Grund, warum die meisten Hochhäuser ihre Nachbarschaft nicht braten, selbst wenn sie verspiegelte Fassaden haben.

Bei einem gewölbten Spiegel ist das anders. Stellen Sie sich vor, der Spiegel wäre eine komplette Kugel. Nun stellen Sie ins Zentrum der Kugel eine punktförmige Lichtquelle: Die Wände der Kugel reflektieren das Licht genau wieder ins Zentrum zur Lichtquelle zurück.

Natürlich ist das Londoner Hochhaus nicht so stark gebogen wie eine Kugel. Aber man kann sich die gewölbte Fassade als winzigen Ausschnitt aus einer Kugeloberfläche vorstellen. Dieser Ausschnitt reicht aus, um Lichtstrahlen zu bündeln (man spricht deshalb auch von einem kugelförmigen Hohlspiegel).

Um zu verstehen, was passiert, wenn ein Lichtbündel in den Hohlspiegel fällt, müssen wir uns die Lichtstrahlen einzeln ansehen: Dort, wo ein Strahl auf den Hohlspiegel trifft, bekommt er von der Krümmung erst mal noch nichts mit. Er wird nach dem vertrauten Prinzip »Einfallswinkel gleich Ausfallswinkel« reflektiert. Heiß wird es erst, wenn wir auch die anderen Strahlen nachverfolgen. Denn sie alle schneiden sich nun in einem Punkt, dem Fokus. Hier wird die Energie vieler Strahlen gebündelt – und dann kann es sehr, sehr warm werden …

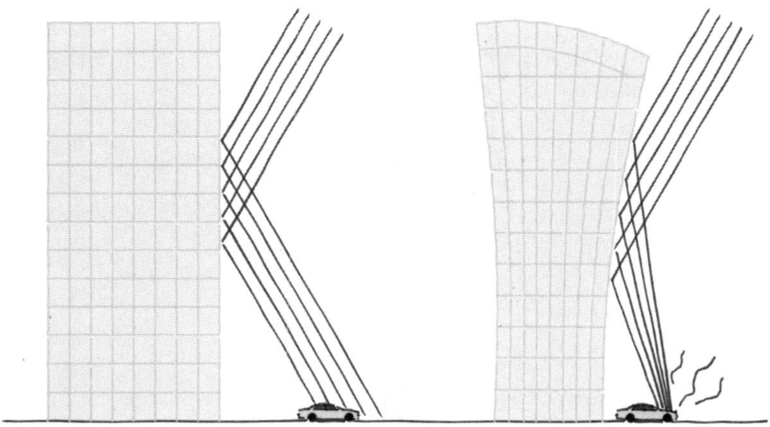

Ladenbesitzer aus den umliegenden Londoner Straßen bauten vor ihren Geschäften Gerüste mit schwarzen Netzen auf, um sich vor den Strahlen zu schützen. Und auch am Hochhaus selbst musste nachgerüstet werden: Auf der Südseite wurden Lamellen angebracht, die Sonnenlichtreflexionen verhindern. Nur innen drin war es schön kühl – schließlich hatte der uruguayische Star-Architekt Rafael Viñoly die Fassade extra mit verspiegeltem Glas bauen lassen.

Zufrieden waren die Londoner damit nicht. 2015 verliehen sie dem Hochhaus den »Carbuncle Cup«, die Auszeichnung für das hässlichste Gebäude Großbritanniens (ein »Carbuncle« ist ein wenig appetitliches Geschwür, eine Entzündung an der Haut). Von den Todesstrahlen abgesehen, gab es noch einige andere Kritikpunkte:

- Das Gebäude steht an einer Stelle, an der eigentlich gar keine Hochhäuser vorgesehen sind.

- Es ist unten schmal und wird nach oben breiter, was ihm den Spitznamen »Walkie Talkie« eintrug. Der britische Guardian schmähte diese Form als »Symbol der Gier«, die nur dazu diene, in den oberen, teurer vermieteten Stockwerken mehr Platz zu schaffen.
- Passanten und Nachbarn beschwerten sich über ungewöhnliche Pfeiftöne, die angeblich aus den Lichtschächten kamen.
- Das »Walkie Talkie« wurde für besonders starke Sturmböen verantwortlich gemacht, die Ladenschilder und Speisewagen umwarfen und sogar Menschen zu Fall brachten. Die könnten dadurch entstanden sein, dass Fallwinde von dem hohen Gebäude nach unten geleitet wurden.

Bemerkenswert ist außerdem, dass Architekt Rafael Viñoly den Fehler mit der gewölbten Fassade nicht nur in London gemacht hat. Schon 2010 hatte er in Las Vegas in den USA ein Hotel mit einer ähnlichen Fassade gebaut. Dort wurden die gebündelten Sonnenstrahlen in den Innenhof an den Pool gelenkt – allerdings nicht so geschickt, dass sie als natürliche Heizung für das Wasser hätten dienen können. Stattdessen knallten sie auf die Liegestühle, schmolzen Plastik-Badelatschen und brachten Urlauber dazu, in den Schatten zu flüchten. Umso erstaunlicher scheint es, dass er dem »Walkie Talkie« wieder eine konkave Form gab. Denn eigentlich hat ja Sartre recht mit seinem Ausspruch: »Man sollte *keine* Dummheit *zweimal* begehen, die Auswahl ist schließlich groß genug.«

Zur Ehrenrettung des berühmten Architekten (der viele spektakuläre Gebäude ganz ohne Todesstrahlen erschaffen hat) muss man sagen, dass der Brennglaseffekt immer wieder vorkommt, ganz unbeabsichtigt und überraschend. Während wir für dieses Buch recherchierten, schickte uns die Physikerin Wendy Sadler aus Großbritannien ein Foto ihres Schminkspiegels. Er ist am Fenster angebracht, was sinnvoll ist, damit man sich bei möglichst gutem Tageslicht zurechtmachen kann. Auf dem Foto deutlich sichtbar ist ein Brandfleck auf dem hölzernen Fensterrahmen.

Auch Schminkspiegel sind Hohlspiegel. Sie haben eine gebogene Spiegelfläche, mit der sie ihren Vergrößerungseffekt erzielen. Dieser wurde schon vor mehr als 300 Jahren von Medizinern genutzt, um Patienten genauer in Nase und Rachen schauen zu können. Und in diesem Fall war das vom Hohlspiegel gebündelte Licht offenbar zu viel für den hölzernen Fensterrahmen. Wendy ist damit nicht allein: Der Berliner »Tagesspiegel« widmete dem Brennglaseffekt einen eigenen Text, nachdem die Wohnung von Chefredakteur Lorenz Maroldt beinahe in Brand geraten wäre, ebenfalls durch einen Spiegel im Wohnzimmer.

Die Bezeichnung »Brennglaseffekt« ist übrigens eigentlich falsch: Ein Hohlspiegel ist ja kein Brennglas. Ein Brennglas ist ein durchsichtiges Glas, das wie eine Lupe konvex geschliffen ist, also nach außen gewölbt. Natürlich können aber sowohl Hohlspiegel als auch konvexe Linsen gefährlich sein. Und es braucht keine perfekte Linse, um den Brennglaseffekt hervorzurufen. In Hannover brannte im Sommer 2019 eine Wohnung, vermutlich weil auf dem Balkon Flaschen lagerten. Die Flaschen standen laut einem Bericht der Polizei so ungünstig, dass die Energie des gesammelten Lichts direkt auf einige Pappkartons gerichtet war, die drinnen hinter der Balkontür standen. In trockenen Sommern warnt die Polizei darum davor, Flaschen im Wald oder auf Feldern liegen zu lassen.

Wenn man aber Licht mit Absicht auf gebogenes Glas leitet, lässt sich damit ein schönes Experiment machen.

Sie brauchen:

- eine Lesebrille gern eine billige aus dem Drogeriemarkt
- eine Lichtquelle, beispielsweise eine Schreibtischlampe

So geht's:

- Knipsen Sie die Schreibtischlampe an und richten Sie das Licht aus mehreren Meter Entfernung auf eine Wand oder eine Tür.
- Halten Sie die Lesebrille so, dass das Licht direkt hindurch scheint und Sie einen Schatten des Brillenrahmens auf der Wand sehen.
- Bewegen Sie die Brille näher an die Wand heran und weiter davon weg. Beobachten Sie, wann an der Wand ein scharfes Abbild der Lampe zu sehen ist.

Das steckt dahinter:

In welcher Entfernung von der Wand Sie die Brille halten müssen, hängt von ihrer Brillenstärke ab. Diese wird in Dioptrien angegeben. Dioptrien bedeuten den Kehrwert der Brennweite in Metern. Heißt also, bei zwei Dioptrien ($^2/_1$) ist die Brennweite gerade ein halber Meter ($^1/_2$). In diesem Fall wird parallel einfallendes Licht genau 50 cm hinter der Brille gebündelt und dort scharf abgebildet. Das klappt sehr präzise, wenn die Lichtquelle weit weg ist, wie die Sonne. Wenn sich die Lichtquelle in ihrem Zimmer befindet, erfolgt die scharfe Abbildung ein bisschen hinter dem Brennpunkt. Man kann die Methode aber trotz dieser Ungenauigkeit verwenden, um die Brillenstärke irgendeiner Lesebrille für Weitsichtige grob zu ermitteln. Nehmen Sie einfach den Abstand zwischen Brille und scharfer Abbildung auf der Wand in Metern und berechnen Sie den Kehrwert. Beträgt der Abstand grob ein Meter, hat die Brille eine Dioptrie.[16]

Hohlspiegel haben Linsen jedoch etwas voraus: Während Linsen nur Licht bündeln können, fangen Hohlspiegel Wellen vielerlei Art ein: Licht, Radar, Radio und sogar Schall (wenn auch hierfür nicht immer kugelförmige Hohlspiegel verwendet werden, sondern Parabolspiegel. Sie haben die mathematisch perfekte Form, um Wellen zu fokussieren, sind aber schwieriger herzustellen). Die konkav gebogenen Satellitenschüsseln auf vielen Häusern fangen Fernsehsignale ein und leiten sie auf die kleine Antenne, die im Fokus der Schüssel steht. In großem Maßstab tun das auch die riesigen Parabolantennen, die für die Satellitenkommunikation eingesetzt werden.

Sterne und andere astronomische Beobachtungsobjekte werden im professionellen Bereich fast nur noch mit Hohlspiegeln beobachtet. Die benötigten Durchmesser lassen sich mit Linsen gar nicht mehr realisieren. Die mittlerweile über 10 Meter großen Spiegel werden aus sechseckigen Teilspiegeln zusammengesetzt, die auch noch feinjustiert werden können, um Lichtablenkungen in der Atmosphäre auszugleichen.

---

16 Dieses Experiment klappt nur mit Brillen für Weitsichtige, da in Brillen für Kurzsichtige Streulinsen eingesetzt werden, die nicht wie Lupen funktionieren.

Auch die »Todesstrahlen« des Londoner Hochhauses könnte man theoretisch sinnvoll nutzen, indem man ein Sonnenkraftwerk ins Bankenviertel der britischen Hauptstadt baut. Sonnenkraftwerke erzeugen Energie, indem sie mit zahlreichen Spiegeln die Sonnenstrahlen konzentrieren und diese dort in elektrischen Strom umwandeln. Das größte Kraftwerk dieser Art steht in Kalifornien. Spiegel mit einer Fläche von 2,6 Millionen Quadratmetern werfen ihr Licht auf drei Türme, in denen Wasserdampf erzeugt wird, mit dem dann wiederum Turbinen angetrieben werden. Die Leistung beträgt knapp 400 Megawatt, immerhin schon ein Viertel der Leistung eines modernen Atomkraftwerks. Und die Entwicklung geht weiter. In Dubai ist ein gigantischer Solarpark im Bau, der Fotovoltaik und Solarkraft gleichermaßen nutzen soll. Geplante Leistung: 5.000 Megawatt.

Solarkraftwerke sind absolut eine Zukunftstechnologie. Nachteile sind der große Flächenbedarf und, leider, die Auswirkungen auf die Vogelwelt. Als Wüstenvogel fliegt man besser nicht vor einem Solarturm entlang, wenn einem seine Federn lieb sind.

Alltags-Störfaktor
Lifehack-Faktor
Katastrophenpotenzial

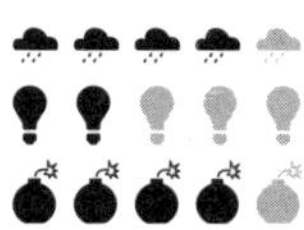

Faule Biene vor blauem Himmel

Polarisiertes Licht schenkt uns wunderschöne Effekte – nur beim Skifahren müssen wir aufpassen!

Wenn Sie einen Tag lang ein Tier sein könnten, welches wären Sie? Vielleicht ein Vogel, um einmal zu spüren, wie es ist zu fliegen? Dann am besten ein Mauersegler, die schlafen sogar im Fliegen – auf diese Weise hätten Sie keine Minute Ihres kostbaren Tier-Tags vergeudet. Oder ein Fisch, der unter Wasser atmen kann? Unsere Kinder würden gern für einen Tag in den Körper unserer Kater schlüpfen, um herauszufinden, wie man so ausdauernd herumliegen kann, ohne sich zu langweilen. Und der Physiker im Haus? Der wäre am liebsten eine Biene. Nicht, um Nektar zu sammeln und Honig zu machen. Sondern nur, um wie eine Biene zu gucken.

Jawohl, nur gucken. Eine faule Biene quasi. Denn Bienen können etwas, was Physiker wahnsinnig neidisch macht: Sie sehen polarisiertes Licht. Das liegt an ihren Facettenaugen. Die nutzen sie, um trotz eines bewölkten Himmels den Sonnenstand zu ermitteln und sich zu orientieren. Nun ja, denken Sie jetzt vielleicht, was soll daran denn besser sein, als im Fliegen zu schlafen? Lassen Sie sich überraschen: Polarisiertes Licht ist einer der spannendsten optischen Effekte der Physik. Ohne ihn würde weder unser Laptop noch die digitale Anzeige des Weckers funktionieren. Und der blaue Himmel auf unseren Urlaubsfotos würde auch deutlich verwaschener aussehen. Um zu verstehen, wie das kommt, müssen wir ein Lichtbad nehmen. Halten Sie die Luft an und tauchen Sie ein!

Wir fangen an mit der grundsätzlichen Frage: Was ist Licht? Ganz allgemein ist Licht der Bereich der elektromagnetischen Strahlung, den wir Menschen sehen können (im vorletzten Kapitel haben wir schon gesehen, dass es auch andere Strahlungsbereiche gibt, die beispielsweise dafür sorgen, dass Fenster zerspringen und die Erdatmosphäre sich aufheizt). Auf Zeichnungen in Physikbüchern sehen Lichtwellen immer sehr brav aus, ungefähr so:

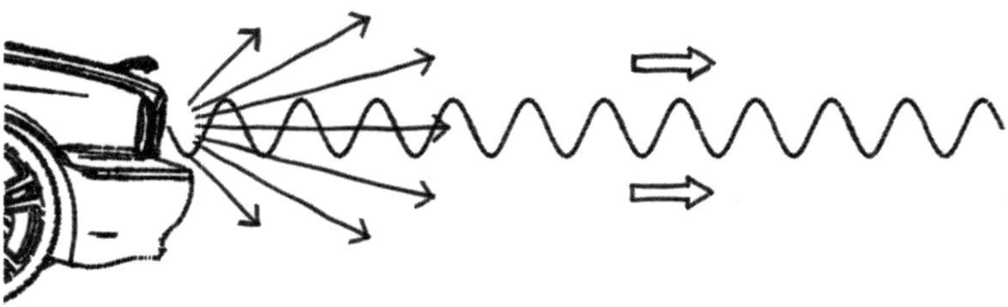

Das Licht breitet sich hier geradlinig aus, das elektrische Feld schwingt dabei senkrecht zur Ausbreitungsrichtung, im Bild also immer rauf und runter. Physikalisch spricht man hier von einer Transversalwelle. Sie können sich das vorstellen wie ein Seil, das man auf den Boden legt und dann von einem Ende aus schleudert. In den allermeisten Fällen schwingt das Licht aber nicht nur rauf und runter, sondern gleichzeitig in alle Richtungen: seitlich, schräg von unten nach schräg oben usw. (auch das ist mit einem Seil ja möglich). Das Licht hat keine bevorzugte Schwingungsrichtung. Es ist nicht polarisiert.[17] So kommt das meiste Sonnenlicht bei uns auf der Erde an, wild und unsortiert. Licht zu polarisieren bedeutet, einzelne Schwingungsrichtungen herauszupicken. Wir wollen quasi

17 Nur eine Schwingungsrichtung steht dem Licht nicht offen: die parallel zur Ausbreitungsrichtung. Es schwingt als Transversalwelle immer in irgendeiner Weise senkrecht zur Ausbreitungsrichtung. Sonst wäre es eine Longitudinalwelle wie der Schall (siehe Kapitel »Fingernägel auf der Tafel«).

das Licht sortieren – zum Beispiel, damit wir mit einer Sonnenbrille unsere Augen vor zu starker Sonne schützen können.

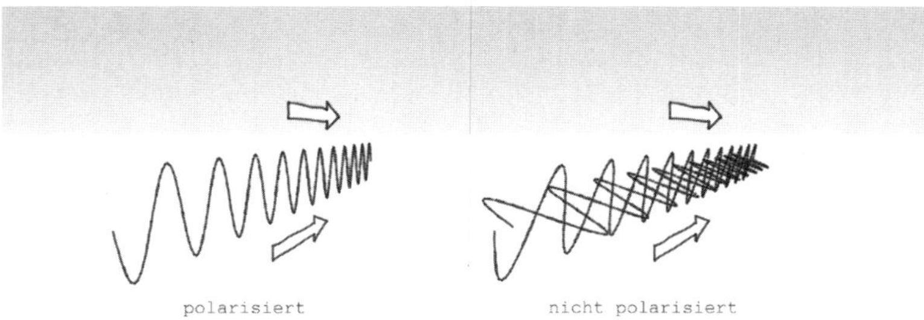

Licht, gezähmt und dressiert

Licht zu polarisieren, das gelingt auf ganz unterschiedliche Arten. Die einfachste ist eine Polfilter-Folie. Diese besondere Folie können Sie sich vorstellen wie einen Gartenzaun aus vertikalen Latten. Hinter dem Zaun rennt ein Hund hin und her, und Sie möchten ihm einen Stock zum Spielen zuwerfen. Wenn Sie den Stock quer oder schräg gegen den Zaun werfen, wird er abprallen. Nur wenn sie den Stock genau senkrecht durch die Zaunlatten fallen lassen, landet er im Garten (auch wenn der Hund sich dann nicht besonders anstrengen muss, um ihn zu kriegen). So funktionieren Polfilter-Folien. Lang gestreckte Moleküle in diesen speziellen Kunststofffolien lassen nur Licht einer Polarisationsrichtung durch.

Diese Folien werden beispielweise in manchen Sonnenbrillen verbaut: Die Gläser lassen dann nur noch Licht durch, das dieselbe Polarisationsrichtung hat wie die Brille selbst. Das bedeutet umgekehrt: Die Lichtwellen, die in andere Richtungen schwingen, bleiben stecken oder prallen ab. Damit ist es für die Augen hinter der Brille deutlich dunkler als ohne Brille, denn ein großer Teil des

Lichts konnte ja nicht hindurch. Wir können Ihnen nur wärmstens empfehlen, sich eine solche Brille zuzulegen, weil man dann ständig kleine oder größere Effekte erlebt, die die Welt des Lichts sonst für sich behält (eine Alternative sind kleine Polfilter-Folien, die man für wenig Geld im Internet kaufen kann).

Putzen hilft

Auch ohne Folie wird das Licht um uns herum ständig polarisiert, und zwar immer dann, wenn es irgendwo abprallt. Zu Hause haben wir einen Parkettfußboden, der (zumindest im geputzten Zustand) diesen Job ganz wunderbar erledigt. Laminat oder Fliesen funktionieren auch. Das Sonnenlicht fällt auf den Boden und wird dort reflektiert. Dabei geht eine Schwingungsrichtung des Lichts weitgehend verloren.

Schauen wir uns mal einen Lichtstrahl an, der sich dem Holzboden nähert. Die wild schwingende Lichtwelle trifft auf Elektronen im Parkett und bringt diese ebenfalls zum Schwingen – in die Richtung, in die auch die Lichtwelle schwingt. Die Elektronen wirken wie kleine Antennen, die das Licht empfangen und wieder abstrahlen. Physiker sagen: Sie fungieren als Hertz'sche Dipole. Der Fußboden ist quasi voller kleiner Sender. Diese Sender nehmen das Licht auf und strahlen es wieder ab.

Das Besondere an den Dipolen ist: Sie strahlen das Licht nicht überall hin gleich gut ab, sondern nur seitlich. Lichtwellen, die ohnehin parallel zum Boden schwingen, haben damit gar kein Problem: Sie treffen in recht flachem Winkel auf die Dipole im Boden, und ihr Licht wird schön reflektiert (Zeichnung rechts oben).

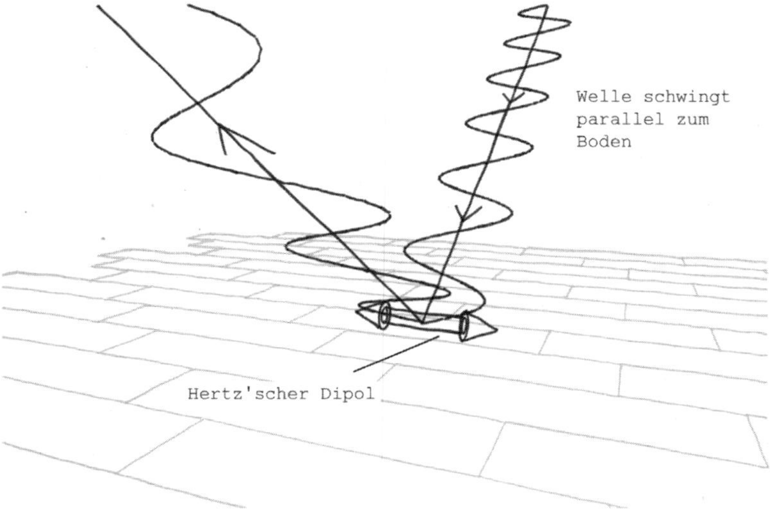
Welle schwingt
parallel zum
Boden
Hertz'scher Dipol

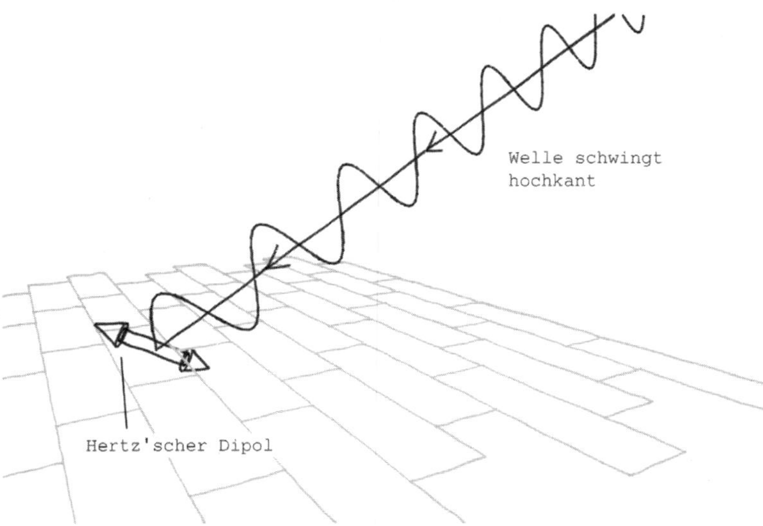
Welle schwingt
hochkant
Hertz'scher Dipol

Der hochkant schwingende Lichtstrahl auf der Zeichnung unten hat es schwerer: Er trifft so ungünstig auf den Boden, dass der Dipol das Licht vollständig in den Boden hineinleitet. Der Boden schluckt das Licht, und diese Schwingungsrichtung ist damit verloren. Das vom Parkettboden reflektierte Licht schwingt also nur noch in eine Richtung, nämlich parallel zum Boden. Es ist *polarisiert.*

In der Natur übernehmen Wasser- oder Eisflächen die Aufgabe unseres Parkettbodens. Sie reflektieren das Licht – und dann kann es gefährlich werden, wenn man als Skifahrer eine Polfilter-Sonnenbrille auf der Nase hat. Denn dann haben wir es mit doppelter Polarisation zu tun. Stellen Sie sich vor, Sie flitzen mit Ihren Skiern genau auf eine vereiste Stelle zu. Die verrät sich normalerweise durch gespiegeltes Licht, das, wie wir auf dem Parkettboden gezeigt haben, polarisiert ist. Leider filtert nun Ihre Polfilter-Sonnenbrille die hellen Reflexionen heraus. Schlecht ist es für die Knochen: Denn als Skifahrer erkenne ich möglicherweise zu spät oder gar nicht, dass es da vorn in der Kurve vereist und schrecklich glatt ist. Aua. Einer Biene wäre das wahrscheinlich auch passiert. Gut, dass die selten Ski fahren.

Blauerer Himmel mit Polfilter

Falls das Bein nach dem Unfall auf der Eispfütze nun gebrochen ist, konzentrieren Sie sich einfach darauf, tolle Fotos von blauem Himmel über weißem Schnee zu machen. Auch hierbei hilft die Polarisation. Das meiste Sonnenlicht, das uns erreicht, ist ja unpolarisiert – aber ein kleiner Teil eben auch nicht. Denn auch in der Atmosphäre befinden sich Elektronen, die als Dipole das Licht polarisieren. In einem bestimmten Himmelsbereich, abhängig vom Stand der Sonne, sind diese Dipole gerade so ausgerichtet, dass uns auf der Erde nur *eine* Schwingungsrichtung des Lichtes erreicht. Das passiert zum Beispiel, wenn die Sonne nachmittags schon ziemlich tief steht. Dann bilden Sonne, Dipole und unsere Blickrichtung genau einen rechten Winkel. So landet besonders viel polarisiertes Licht in unserem Fotoapparat.

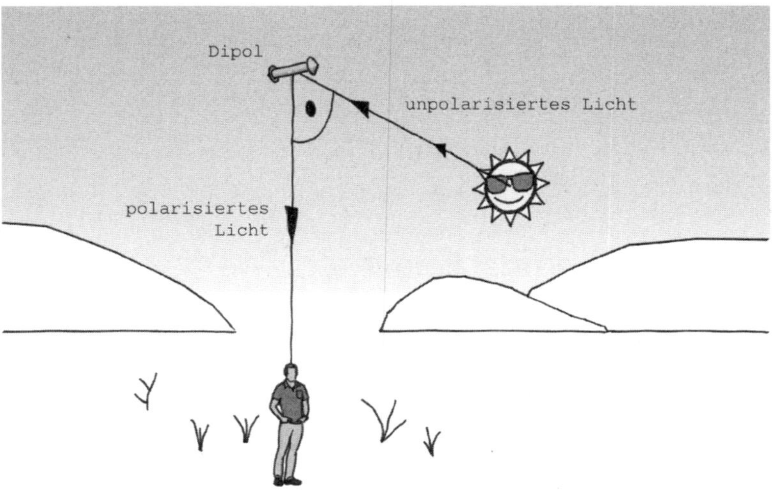

Hundertprozentig polarisiert ist dieses Licht trotzdem noch nicht. Von überall her fällt schließlich eine Menge Streulicht ein. Fotografen stecken deshalb gerne einen Filter (wie in der Sonnenbrille) senkrecht zur Polarisationsrichtung auf die Kamera. Der sortiert eine Schwingungsrichtung des Lichts komplett aus. Das Foto wird ein bisschen dunkler. Das Blau des Himmels wirkt deshalb intensiver, während die Wolken weiß strahlen, denen ist nämlich die Polarisation egal.

Lichtspielereien im Arbeitszimmer

Die meiste Zeit des Jahres sind wir leider nicht im Urlaub. Deshalb zeigen wir Ihnen ein paar witzige Spielereien, die Sie mit polarisiertem Licht in Ihrem Arbeitszimmer anstellen können. Damit kann man sich bei Bedarf von der Arbeit ablenken. Und nach dem Experiment wissen Sie, warum Ihr Laptop und Ihr Wecker ohne polarisiertes Licht gar nicht funktionieren würden.

Sie brauchen:

- einen eingeschalteten Bildschirm mit TFT- oder LCD-Anzeige (in der Regel besitzen normale Laptops, Computer oder Fernsehbildschirme solche Anzeigen, außer Plasma- oder OLED-Bildschirme)
- ein ausgeschaltetes Handy (oder eine andere spiegelglatte dunkle Fläche)
- Tesafilm – oder natürlich jede andere Art von durchsichtigem Klebeband
- evtl. noch Zellophan-Folie

So geht's:

Schalten Sie Ihren Laptop oder Ihren Computer an und sorgen Sie dafür, dass auf dem Bildschirm eine weiße, leere Oberfläche zu sehen ist – zum Beispiel, indem Sie ein leeres Word-Dokument öffnen. Kleben Sie mit dem Klebeband ein Kreuz oder einen Stern in die Mitte des Bildschirms. Bei unseren Versuchen hat sich das Klebeband immer ohne Rückstände entfernen lassen. Sollten Sie ganz sichergehen wollen, können Sie eine Frischhaltefolie über Ihren Bildschirm ziehen und darauf das Kreuz kleben.

Halten Sie nun Ihr ausgeschaltetes Handy seitlich neben den Bildschirm. Jetzt bewegen Sie das Handy einmal kreisförmig um den Bildschirm herum und betrachten Sie dabei durchgehend das Spiegelbild des Kreuzes auf der Display-Oberfläche. Merken Sie's? Sie sehen, dass sich das Kreuz aus Tesafilm verändert. Mal ist der Bildschirm dunkel und das Kreuz leuchtet hell, mal ist es umgekehrt. Vielleicht können Sie sogar Farben in dem Klebefilm erkennen!

Nehmen Sie ein zerknittertes Stück Zellophan-Folie und halten es so vor den Laptop, dass Sie es auf der glatten Fläche Ihres Handys gespiegelt sehen können. Drehen Sie die Zellophan-Folie ein bisschen hin und her. Nun können Sie im Spiegelbild auf Ihrem Handy in der Folie plötzlich bunte Farben erkennen. Faszinierend, oder?

Warum wird es auf dem Handy hell oder dunkel?

Bildschirme sind wahre Polarisationskünstler. Das Licht, das sie ausstrahlen, ist zu hundert Prozent polarisiert. Das gilt ebenso für alle anderen Geräte, auf denen uns Zahlen oder Buchstaben angezeigt werden – den Digitalwecker, den Laptop, das Display des Radios oder die Anzeige unserer Heizungssteuerung. In all diesen Haushaltsgeräten sind Flüssigkristallanzeigen verbaut. Mit ihnen gelingt es, die Drehung der Polarisationsrichtung elektrisch zu steuern! Die Anzeigen bestehen aus zwei Polfiltern, zwischen denen eine Schicht von Flüssigkristallen liegt. Sie drehen die Polarisationsrichtung des Lichts, wenn eine elektrische Spannung anliegt.

Um die Anzeigen genau steuern zu können, sind sie in verschiedene Segmente aufgeteilt. Dort, wo elektrische Spannung anliegt, kommt Licht durch, und auf der Anzeige wird etwas lesbar. An allen anderen Stellen bleibt es grau. In einfachen Taschenrechnern reichen sieben verschiedene Segmente, um damit alle 10 Ziffern anzeigen zu können. In hochauflösenden Bildschirmen sind es Millionen kleinster Flüssigkristall-Segmente, die jeden Pixel einzeln steuerbar machen, wobei jeder einzelne Pixel darüber hinaus auch noch aus drei nebeneinanderliegenden Farbflächen besteht.

Ihr Bildschirm schenkt Ihnen also 100 Prozent polarisiertes Licht. Dieses Licht gelangt nun, zum Teil durch den Klebefilm, auf Ihr Handy, das Sie kippen, bewegen – und früher oder später den perfekten, magischen Winkel treffen, der Brewster-Winkel heißt. Dieser Winkel, benannt nach seinem schottischen Entdecker David Brewster[18], ist der, unter dem das Licht wirklich komplett polarisiert ist. Wenn

---

18 Mit Reflexionen und Spiegeln kannte er sich aus. Er ließ sich das Kaleidoskop patentieren.

Sie die Richtung erwischen, die Ihr Laptop NICHT ausstrahlt, erscheint die Reflexion dunkel. Wenn Sie das Handy in einer anderen Position halten, dann erscheint das normale Spiegelbild, weil gerade genau die richtige Polarisationsrichtung am Handy durchgelassen wird.

Alles so schön bunt hier

Es gibt Materialien, die die Polarisationsrichtung des Lichts drehen. Dazu gehören die Flüssigkristalle, die in Ihrem Bildschirm verbaut sind, aber auch Zucker oder Milchsäuren (deshalb spricht man auch von rechts- oder linksdrehenden Milchsäuren). Und eben Kunststoffe wie Tesafilm und Zellophan-Folie. In unpolarisiertem Licht sieht man das nicht (was schade ist, denn sonst würde Tesafilm immer bunt schillern). Aber wenn man Zellophan-Folie zwischen zwei Polarisationsfilter hält, dann geht es los! Die Folie wirkt dann wie ein Schalter. Das Licht hinter dem ersten Filter (Bildschirm) wird von der Folie gerade so gedreht, dass es durch den zweiten Filter (Handy) hindurchgelangen kann. Halte ich die Folie zwischen beide Filter, macht sie das Licht sichtbar. Lasse ich sie weg, bleibt es dunkel. Die Folie schafft es jedoch nicht, die Polarisationsrichtung aller Farben gleich gut zu drehen. Das ist der Grund, warum plötzlich Farben in der Folie sichtbar werden, obwohl sie eigentlich komplett durchsichtig ist.

Noch besser als faule Bienen

Wenn es möglich wäre, einen Tag lang ein Tier zu sein, käme außer einer faulen Biene auch noch ein alleinstehender Schmetterling infrage. Der Blaue Passionsblumenfalter zum Beispiel. Der lebt im tropischen Regenwald von Lateinamerika, wo durch die dichten Blätter der Bäume wenig direktes Sonnenlicht einfällt. Und er kann einen wirklich coolen Trick mit polarisiertem Licht: Er lockt damit paarungswillige Partner an. Auf den Flügeln des Schmetterlingsweibchens befinden sich Muster, die polarisiertes Licht reflektieren. Die machen es den Männchen leichter, sie zu finden. Das System ist besonders ausgeklügelt, weil Vögel, die ja gern Schmetterlinge fressen, kein polarisiertes Licht sehen können. Das Paarungssignal wird also wirklich nur von willigen Schmetterlingsmännchen aufgefangen, und der Fressfeind kriegt nichts davon mit. Das ist gut – wir wollen ja an unserem einen Tag als Tier nicht gleich gefressen werden.

Alltags-Störfaktor
Lifehack-Faktor
Katastrophenpotenzial

Strom macht aua

Wieso wir an der Türklinke einen gewischt bekommen, aber seltener vom Blitz getroffen werden als Kühe

Es war die erste große Reise allein mit dem Zug, ganz ohne Eltern und Geschwister. Elf Jahre war unser Sohn alt, und er fuhr quer durch Deutschland, um seinen besten Freund zu besuchen, der nach Beeskow gezogen war. Beeskow liegt in Brandenburg, ein ordentliches Stück vom Ruhrgebiet entfernt. Vor dem Aufbruch ins Abenteuer besprachen wir mögliche Krisenfälle und wie er darauf reagieren sollte.

- Zug hat Verspätung: Ruhe bewahren und abwarten.
- Zug bleibt auf der Strecke liegen: Ruhe bewahren und abwarten.
- Toilette ist gesperrt: Ruhe bewahren, aber nicht abwarten, sondern zur nächsten freien Toilette gehen.

Gut gelaunt verabschiedeten wir uns am Bahnhof und versprachen, das Handy auf »laut« zu stellen, falls ein unvorhergesehener Krisenfall einträte und er uns anrufen müsste. Wir rechneten nicht damit, vor allem, weil wir kurz nach der Abfahrt die Nachricht bekamen: »Alles gut: Es gibt WLAN! ☺.«

Aber nach gut zwei Stunden klingelte das Handy doch. Der Krisenfall war eingetreten, und er hatte den Reisenden kalt erwischt. Auf alle möglichen Pannen bei der Deutschen Bahn hatten wir ihn vorbereitet – aber nicht auf die Kopfstützen im Zug. »Meine Haare kleben fest«, tönte es aus dem Handy. »Sie knistern und stehen ab!« Puh! Wenn es weiter nichts ist, dachten wir erleichtert (wenn man das Kind zum ersten Mal in die Welt schickt, sind auch die

Eltern aufgeregt). Aber unser Sohn war noch nicht fertig: »Und das Schlimmste ist: Wenn ich eine Tür anfasse, kriege ich einen Stromschlag.«

Wer hätte gedacht, dass auf einer fünfstündigen Zugreise nicht Verspätungen und volle Züge am meisten nerven, sondern die Physik? Genauer: die elektrostatische Aufladung. Sie sorgt dafür, dass Haare an Kopfstützen kleben oder dass wir einen Stromschlag bekommen, wenn wir über einen Teppich laufen und anschließend an eine Türklinke fassen. Die elektrostatische Aufladung steht am Anfang einer eskalierenden Reihe von Elektrizitäts-Phänomenen, die uns allesamt das Leben schwer machen. Stromschläge, Funken, Blitze: Sie können wirklich stören und auch richtig gefährlich sein. Gleichzeitig ist Strom wahnsinnig nützlich, und niemand von uns würde ohne ihn leben wollen.

Es ist nicht leicht, genau zu verstehen, was Strom präzise ist. Spannung, Stromstärke, Leistung: Schon diese Begriffe sind verwirrend. Fangen wir mit der nervigen Kopfstütze und den aufgeladenen Haaren an: Jeder Körper (Mensch oder Gegenstand) trägt elektrische Ladungen, positive und negative. Davon merken wir aber nichts, denn normalerweise hebt sich die Wirkung der positiven und negativen Ladung gegenseitig auf. Damit sind wir neutral. Neutral bedeutet also nicht, dass keine Ladung vorhanden ist, sondern, dass sich positive und negative Ladungen ausgleichen – wie eine Waage, die im Gleichgewicht hängt. Stellen Sie sich eine alte Kaufmannswaage vor, eine mit zwei Schalen, in die man Gewichte legt. Da ist es egal, ob in den beiden Schalen nichts liegt oder jeweils fünf Kilo: Solange in beiden Schalen das gleiche Gewicht liegt, ist die Waage im Gleichgewicht.

Stören können die Ladungen in unserem Körper nur, wenn geladene Teilchen dazukommen oder uns entrissen werden. Dann ist das Gleichgewicht futsch. Und das passiert dauernd. Negativ geladene Teilchen, die Elektronen, spazieren auf unseren Körper hinauf oder von ihm herunter. Der Grund ist folgender: Alle Stoffe bestehen aus Atomen. Diese haben einen positiv geladenen Kern, um den herum negativ geladene Elektronen schwirren. Die negative Ladung der Elektronen gleicht sich mit der positiven Ladung des Atomkerns aus (wir denken an die Waage).

Die Elektronen aber sind wesentlich beweglicher als der Kern. Wenn sich unsere Haare an der Kopfstütze im ICE reiben, werden Elektronen von den Haaren auf die Kopfstütze verschoben. Jetzt haben die Haare zu wenige Elektronen, während die Kopfstütze zu viele hat. Beide Seiten sind also jetzt geladen: Die Kopfstütze negativ, denn sie hat ja mehr negativ geladene Elektronen dazubekommen. Unsere Haare sind positiv geladen, denn sie haben Elektronen abgegeben, und der positiv geladene Atomkern hat nun quasi Übergewicht.

Um einen Körper aufzuladen, muss man also entweder Ladung auf ihn übertragen oder von ihm wegnehmen. Das ist ein physikalischer Grundsatz, der später in diesem Kapitel noch mal wichtig wird, wenn es um richtig viel Spannung geht, beispielsweise bei Blitzen: Elektrische Ladung wird nie, wirklich NIE, »erzeugt« oder auf irgendeine phantastische Weise hergestellt. Sie ist vorhanden und wird immer nur umverteilt.

Reibung ist eine einfache Art, Ladung zu übertragen. Schon im alten Griechenland, ungefähr 600 v. Chr., hat Thales von Milet entdeckt, dass Bernstein, den man an Wolle reibt, danach kleine Dinge anzieht. Sie können diesen Versuch selbst machen, wenn Sie sich beispielsweise Omas Bernsteinkette ausleihen und damit über einen Pulli reiben. Danach zieht der Bernstein Papierschnipsel an, oder getrocknete Gewürze. Das griechische Wort für Bernstein, Elektron, findet sich also völlig zu Recht im Wort »Elektrizität« wieder. Manche Leute sprechen auch von Reibungselektrizität. Ganz korrekt ist das nicht, denn eigentlich reicht schon die Berührung aus, damit Ladungen von einem Gegenstand auf einen anderen übergehen. Reibung ist einfach nur eine sehr intensive Berührung!

Den ganzen Tag lang nehmen wir über zahlreiche Berührungen Elektronen auf oder geben welche ab: Wenn wir gehen, wenn wir von der Stuhlkante rutschen oder mit einem Lappen den Tisch abwischen. Das lässt sich gar nicht verhindern und stört auch niemanden. Denn genau so, wie Elektronen unbemerkt auf unseren Körper gelangen, fließen sie auch heimlich wieder ab, wenn wir Gegenstände berühren.

Nervig wird es nur, wenn wir uns so gut isolieren, dass die aufgenommene Ladung nicht mehr abfließen kann. Zum Beispiel mit Turnschuhen mit Gummisohle. Laufen wir damit über einen Teppich, nehmen wir negativ geladene Elektronen auf. Diese Ladung können wir nicht wieder in den Boden abgeben, denn Gummi leitet ja nicht. Wir sind nicht geerdet. Die Ladung bleibt also auf uns und lauert auf eine Gelegenheit abzufließen. Sobald wir dann ein Material berühren, das gut leitet, nutzt sie diese Chance, und es kommt zur elektrostatischen Entladung: Türklinke angefasst – Stromschlag. Autotür berührt – ein kleiner Funke springt über.

Dabei entstehen erstaunlich hohe Spannungen. Spürbar ist die Entladung ab 3.500 Volt, unter ungünstigen Bedingungen können jedoch weit höhere Spannungen entstehen. Das ist vor allem bei trockener Luft der Fall, wie sie in vielen Büros herrscht.

Gefährlich sind die kleinen Stromschläge an der Türklinke für uns Menschen nicht. Sie nerven einfach nur. Aber stellen Sie sich vor, Sie hantieren mit kleinen elektronischen Bauteilen, z. B. weil Sie gerade ein Handy reparieren. Wenn nun im falschen Moment ein Funke auf ein Elektronikbauteil überspringt, ist die Wahrscheinlichkeit hoch, dass die Energie, die unseren Finger höchstens ein bisschen zucken lässt, die ultrakleinen Leiterbahnen eines Computerchips auf ewig demoliert.

Oder wenn Sie Ihr Auto tanken. Sie steigen aus, greifen nach der Zapfpistole und bekommen vielleicht einen gewischt. Macht nix, ist ja wie an der Türklinke, die Zapfpistole ist schließlich geerdet und

Sie damit auch. Jetzt füllen Sie den Tank. Während Sie auf die Tankfüllung warten, setzen Sie sich kurz in Ihren Wagen, um danach wieder auszusteigen, nicht ohne noch einmal mit Ihrer Kleidung den Autositz zu streifen. Sie fassen an den Zapfhahn, bekommen wieder einen gewischt, und ein Feuer bricht direkt vor Ihren Augen aus, weil die Benzindämpfe sich durch den Funken entzündet haben. Zum Glück reagieren Sie schnell genug und entkommen den Flammen. Solche Unfallhergänge wurden schon häufiger von Überwachungskameras dokumentiert und können leider wirklich passieren, wenn auch selten.

Deshalb haben wir hier einige Tipps, was Sie gegen die elektrostatische Aufladung unternehmen können.

1. Sich absichtlich entladen: Wenn Sie häufiger an einen Heizkörper oder einen anderen, leitfähigen Gegenstand fassen, fließen jedes Mal kleinere Mengen Ladung ab. Sie staut sich nicht mehr an, und Sie bekommen keinen gewischt, wenn sie eine Türklinke berühren (oder Sie wissen es zumindest vorher und können sich darauf einstellen). Dafür sind Ihre Kolleginnen möglicherweise ein bisschen irritiert, wenn Sie ständig fühlen, ob die Heizung es noch tut.
2. Lüften! Wenn die Luftfeuchtigkeit unter 20 Prozent liegt, kann ein Mensch auf mehr als 20.000 Volt aufgeladen werden. Das ist eine ganze Menge (auch wenn die kleinen Stromschläge, wie gesagt, ungefährlich sind). Liegt die Luftfeuchtigkeit über 65 Prozent, sinkt die mögliche Aufladung auf unter 1.500 Volt. Vor allem liegt das daran, dass bei hoher Luftfeuchtigkeit alle Oberflächen mit einem extrem dünnen Feuchtigkeitsfilm belegt werden und dann die Ladung abführen können.
3. Einen Teppich mit Metallfäden kaufen. Die gibt es wirklich! Einige Hersteller bieten so etwas an, um Stromschlä-

ge zu vermeiden. Wir kennen aber niemanden, der so etwas zu Hause hat.

4. Spezialwerkzeug I: Im Online-Versand kann man bekanntlich alles kaufen, so auch Anti-Statik-Schlüsselanhänger. Die sehen aus wie eine kleine Taschenlampe, nur dass vorn kein Licht dran ist, sondern ein Metallkontakt. Den hält man an die Türklinke, bevor man sie anfasst. Es gibt einen kleinen Funken im speziell dafür vorgesehenen Guckfensterchen des Schlüsselanhängers, und Sie können die Tür gefahrlos öffnen.
5. Spezialwerkzeug II: Sie kaufen den Anti-Statik-Schlüsselanhänger *nicht* und nehmen stattdessen einfach einen Schlüssel. Das vordere, etwas spitzere Ende des Schlüssels macht genau das Gleiche wie der Metallkontakt von Spezialwerkzeug I und sorgt dafür, dass die Ladungen kontrolliert von Ihnen auf die Türklinke übertreten.

All diese Möglichkeiten nutzten wir leider nicht, als uns die elektrostatische Aufladung bei einem großen Experiment für eine Fernsehshow richtig in die Quere kam. In monatelanger Arbeit hatten wir für die Sendung »Frag doch mal die Maus« einen drei Meter langen Tisch gebaut, über den nonstop eine sehr lange Papierbahn lief, immer herum, wie das Kassenband im Supermarkt. Das Ziel war herauszufinden, wie viele Meter man mit einem Bleistift schreiben kann.

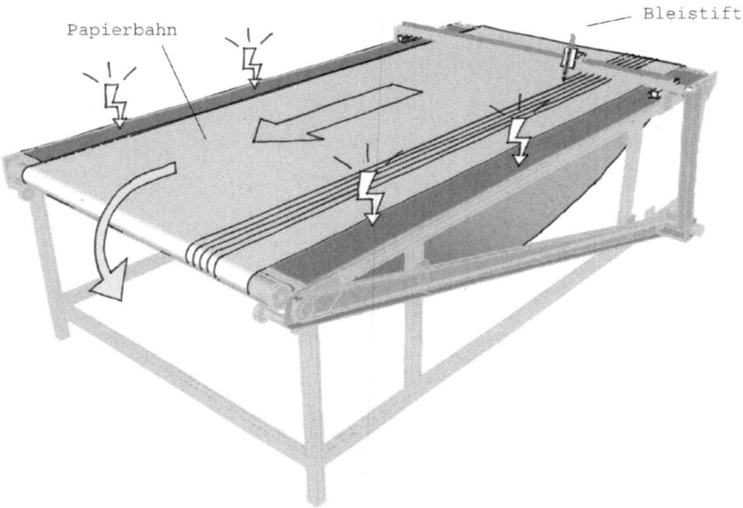

Alles war fertig für die Aufzeichnung, Marcus wollte nur noch schnell etwas essen gehen und schob gerade die erste Gabel in den Mund, als das Handy klingelte. Am Apparat war sein Kollege Nils: Das Experiment funktioniere nicht. Hektisch suchten wir nach dem Fehler und bemerkten, dass das Papier wie am Tisch festgeklebt war. Es bewegte sich kein Stück mehr. Ganz offensichtlich hatte die elektrostatische Aufladung zugeschlagen: Band und Tisch hatten sich so sehr aneinandergerieben, dass nun die eine Seite stark negativ und die andere stark positiv geladen war. Beide zogen sich so stark gegenseitig an, dass das Band nicht mehr lief. Wir mussten irgendwie eine Schutzschicht zwischen Papier und Tisch bringen.

Wir lösten das Papier vorsichtig und strichen den Tisch mit den Händen ab (im Nachhinein wurde uns klar, dass wir beim Berühren der nächsten Türklinke besser vorsichtig gewesen wären, aber glücklicherweise ist nichts passiert). Dann klebten wir den Tisch komplett mit Gaffa-Klebeband ab. Damit kann man, wie man im Showgeschäft lernt, nämlich alles reparieren, was nicht bei drei auf den Bäumen ist. Das Klebeband hat eine raue Oberfläche, die wenig Reibung ermöglicht. Und dann, wenige Minuten vor dem Start der Aufnahme, lief es wieder!

Warum war das beim Bau des Experiments und bei den Proben noch nie passiert? Genau wissen wir es nicht, aber wir haben zwei Vermutungen: Erstens war die Luft im Studio viel trockener als in unserer Lagerhalle. Zweitens stand direkt neben dem Tisch eine Wand aus Plexiglas (schließlich tobte die Corona-Pandemie, und niemand sollte sich anstecken). Diese Wand war mit einer dünnen Folie beklebt, um Kratzer zu vermeiden. Kurz vor der Aufzeichnung war die Folie abgezogen worden. Das wiederum erzeugte so starke Berührungselektrizität, dass wir es richtig knistern hörten. Möglicherweise war dadurch viel elektrostatische Ladung im Raum, die sich begeistert auf unseren Tisch mit dem Papierband legte. Nach dem Abkleben mit Gaffa-Band war die Reibung zwischen Papier und Tisch deutlich reduziert, und das Experiment funktionierte wunderbar (und wir wissen jetzt, dass man mit einem Bleistift mehr als 14 Kilometer schreiben kann).

Auch Stromschläge können nützlich sein

Wir haben den Ehrgeiz, für jedes Phänomen, das uns das Leben schwer macht, auch angenehme Beispiele zu finden – Situationen, in denen es nützlich ist, oder (noch besser) lustig. Um ehrlich zu sein: Bei der elektrostatischen Aufladung hatten wir Zweifel, ob das klappt. Sie schien einfach überall zu stören. Aber es gibt sie, die Momente, in denen auch statische Ladung nützt. Viele Laserdrucker würden ohne sie nicht funktionieren – also genau die Dinger, die uns davor bewahren, 14 km mit einem Bleistift schreiben zu müssen.

Vereinfacht gesagt funktioniert ein Laserdrucker so: Im Inneren des Druckers dreht sich eine Bildtrommel, um das Blatt zu bedrucken. Diese Trommel wird elektrisch aufgeladen und anschließend mit einem Laser belichtet. Die von ihm belichteten Stellen werden dadurch elektrisch entladen. Zurück bleibt Ladung auf den Bereichen, die am Ende eingefärbt werden sollen. Dann dreht sich die Trommel am ebenfalls aufgeladenen Toner vorbei. Der haftet nur an den Stellen, die noch aufgeladen sind. Auf der Trommel befindet sich nun ein genaues Abbild dessen, was wir drucken möchten. Sie wird über ein Papier geführt und lädt den Toner darauf ab. Jetzt ist unser Dokument bereits gedruckt. Damit es nicht verschmiert, wird es anschließend noch mit einer Rolle unter Druck und Hitze fixiert – das ist der Grund, warum Papier immer ein bisschen warm ist, wenn es aus dem Laserdrucker kommt. Bei uns im Büro hatte der Drucker einmal einen Defekt bei diesem letzten Arbeitsschritt. Er druckte zwar nach wie vor, aber man konnte die Farbe einfach mit der Hand verwischen.

Außer beim Drucken kann elektrostatische Aufladung auch beim Putzen sehr nützlich sein. Allerdings nicht zu Hause im Badezimmer, sondern in großen Industrieanlagen. Hier werden Elektrofilter eingesetzt, um Staub oder Ruß aus der Luft zu filtern. Grob gesagt funktioniert das so: Elektrisch aufgeladene Drähte sprühen Elektronen in die zu reinigenden Gase. Diese treffen dort auf Staub und laden den ebenfalls auf. Die geladenen Staubteilchen streben eilig zu einer anderen, positiv geladenen Elektrode und lagern sich dort ab. Man muss nur noch den Strom abstellen und sie abklopfen.

Der brutale Stromkrieg

Auch wenn elektrostatische Aufladung nervt: Großen Schaden richtet sie zumindest an unseren Körpern nicht an. Anders als Strom, der aus der Steckdose kommt. Der kann richtig gefährlich werden.

Bestimmt kennen Sie auch von klein auf die Warnungen: Lass keinen Föhn in die Badewanne fallen! Fass nicht an ein unisoliertes Kabel! Steck keine Gabel in die Steckdose! Diese Warnungen sind auf jeden Fall mehr als berechtigt. Aber warum eigentlich? Wenn schon beim Laufen über einen Teppich in trockener Luft bis zu 20.000 Volt entstehen können und wir die auch überleben, was ist dann so schlimm an 220 Volt aus der Steckdose?

Der wichtigste Grund, warum ein Föhn in der Badewanne keine gute Idee ist: **Der Föhn arbeitet mit Wechselstrom.** Wie Sie vielleicht wissen, hat Thomas Edison Ende des 19. Jahrhunderts die elektrische Glühlampe erfunden. Edison wollte, dass die Glühlampen mit Gleichstrom funktionierten, dass der Strom also im Stromkreis wie auf einer Einbahnstraße in eine Richtung floss. Außerdem wollte er mit seinen Gleichstrom-Patenten und seinen Stromzählern, die nur Gleichstrom zählen konnten, möglichst viel Geld verdienen. Ein großes Problem hatte Edinson allerdings: Auf langen Strecken ging mit Gleichstrom viel Energie verloren. Auf dem wachsenden Strommarkt wollte er das Problem eigentlich sogar für sich nutzen und zusätzlich an den vielen notwendigen Stromerzeugungsstationen verdienen. Allerdings verlor er im Laufe der Zeit immer mehr an Boden gegenüber seinen Konkurrenten von der Wechselstrom-Fraktion. Der Erfinder und Unternehmer George Westinghouse hatte sich mit dem genialen Physiker Nikola Tesla zusammengetan. Sie setzten auf Wechselstrom, der 50- bis 60-mal in der Sekunde seine Fließrichtung ändert. Der Vorteil: Wechselstrom lässt sich leicht auf hohe Spannungen hoch- und wieder heruntertransformieren. Mit sehr viel weniger Verlusten als Gleichstrom kann man ihn dann über Hunderte von Kilometern transportieren. Der Nachteil: Er ist für Lebewesen ungleich gefährlicher, wenn er durch sie hindurchfließt. Trotz dieses Nachteils verkauften Westinghouse und Tesla ihre Patente immer breiter.

Edison startete einen makabren Feldzug gegen den Wechselstrom, indem er in öffentlichen Vorführungen Tiere mit Stromschlägen tötete und an dessen traurigem Höhepunkt er einen Mitarbeiter beauftragte, einen elektrischen Stuhl für die amerikanische Regierung zu bauen, um zu demonstrieren, wie tödlich Wechselstrom sein könne.

Genützt hat das nichts: Wechselstrom hat sich durchgesetzt und kann so Energie für alle elektrischen Geräten bei uns liefern, entweder bequem über einen Transformator oder direkt, unter anderem eben auch in dem Föhn.

Was aber macht Wechselstrom so gefährlich? In unserem Körper spielen sich permanent kleine elektrische Vorgänge ab. Zum Beispiel wird das Herz auf diese Weise zum Schlagen angeregt. In jedem Herzschlag-Zyklus gibt es jedoch eine Phase, während der das Herz besonders empfindlich für Störungen ist, die sogenannte vulnerable Phase. Wenn uns in diesem Moment ein Stromstoß trifft, entsteht das lebensgefährliche Kammerflimmern. Beim Wechselstrom fließen die elektrischen Impulse 50-mal in der Sekunde in beide Richtungen – und die Gefahr, dass uns ein Stromstoß genau in der vulnerablen Phase trifft, ist ungleich höher als bei Gleichstrom. Nützlich ist diese Anfälligkeit des Herzens natürlich, wenn der Impuls genau im richtigen Moment und in der richtigen Stärke kommt. Auf diese Weise retten Herzschrittmacher täglich Leben.

Und einen weiteren Grund gibt es, warum wir keinen Föhn in die Wanne werfen sollten: **Wasser leitet schlechter, als wir denken.**

Ein Föhn im Wasser ist angeblich deshalb so gefährlich, weil Wasser den Strom leitet. Diese Erklärung haben wir alle früher von unseren Eltern gehört. Sie ist nicht falsch, allerdings auch nicht ganz richtig. Korrekt ist: Ein Föhn in der Badewanne ist deshalb so gefährlich, weil der menschliche Körper den Strom *besser* leitet als das Wasser. Leitungswasser leitet zwar Strom ganz ordentlich, gehört aber nicht zu den besten Leitern. Kupfer zum Beispiel ist 1 Milliarde Mal leitfähiger. Auch der menschliche Körper ist leitfähiger, denn wir bestehen nicht nur aus Wasser, sondern auch noch aus vielen Salzen. Deshalb leiten wir den Strom besser als unser Badewasser – es sei denn, wir haben Badesalz darin verteilt oder hineingepinkelt (auch wenn das natürlich niemand tut). Fällt der Föhn ins Wasser, kann sich der Strom also leichter in unserem Körper ausbreiten als im Wasser selbst. Gesteigert wird dieser Effekt noch dadurch, dass wir mit unserem ganzen Körper im Badewasser liegen. Die Kontaktfläche für den Strom ist also sehr, sehr groß.

Schlimmer geht immer: Blitze

Gefühlt noch gefährlicher als Strom aus der Steckdose ist ein Blitzschlag. Die Spannung zwischen Gewitterwolke und Erde beträgt einige 10 Millionen Volt. Im Blitz kann ein Strom von mehreren 100.000 Ampere fließen – und die möchte man ja wirklich nicht abkriegen. Wie vielen Menschen in Deutschland das trotzdem passiert, ist unklar. Die Schätzungen liegen zwischen 100 und 250 Blitzunfällen jedes Jahr. Doch nur 5–7 davon sterben.

Sind Blitze also harmloser als gedacht? Nicht wirklich – aber Menschen bringen eine Reihe von Eigenschaften mit, die sie zu weniger leichten Opfern werden lassen als beispielsweise Kühe.

Erstens fließt beim Blitz der Strom kurz, aber heftig. Wenn er uns trifft, kommt uns der sogenannte Skin-Effekt zugute: Der Strom fließt außen an unserem Körper entlang, dringt aber nicht tief ein (»skin« heißt zwar auf Englisch »Haut«, dies hat aber nichts mit der menschlichen Haut zu tun. Der Skin-Effekt greift bei allen leitfähigen Körpern. Hochfrequente oder sehr kurz gepulste Ströme wie

Blitze fließen außen entlang und dringen nur wenig ins Innere des Körpers ein).

Zweitens treffen Blitze uns Menschen meistens nicht direkt, und wir bekommen nicht die volle Ladung ab. Ein direkter Einschlag in den Menschen ist mit sehr hoher Wahrscheinlichkeit tödlich. Er kann einen treffen, wenn man selbst der höchste Punkt in der Umgebung ist. Denn dort entlädt sich ein Blitz am liebsten. Wir wollten einmal im Urlaub eine Wattwanderung machen. Es nieselte ein bisschen, und viele Leute hatten einen Regenschirm dabei. Dann zog ein Unwetter auf. Der Wattführer trat sofort den Rückzug an – denn etwas Dümmeres, als mit Regenschirmen als Blitzableitern aufrecht im Watt zu stehen, könnte man bei Gewitter kaum tun. Allerdings sollte man sich auch nicht unter Bäumen in Sicherheit bringen. Seltsame Bauernregeln wie »Buchen sollst du suchen, Eichen sollst du weichen« sind kompletter Unsinn: Wenn es gewittert, sollten Sie sich von Bäumen grundsätzlich fernhalten. Wenn hier der Blitz einschlägt, bekommt zwar der Baum die meiste Ladung ab, durch einen sogenannten Überschlag kann aber ein Teil davon auf Sie übergehen. Auch das kann sehr gefährlich und sogar tödlich sein. Da hilft es auch nichts, wenn Ihre Schuhe Gummisohlen haben. Die isolieren zwar ein bisschen, ein Blitzschlag ist aber so stark, dass er einfach durch die Sohle ginge. Flüchten Sie also lieber in ein Haus, eine Hütte oder am besten in ein Auto.

Wenn das gar nicht möglich ist und Sie draußen bleiben müssen, sollten Sie sich hinhocken und die Füße möglichst eng zusammenstellen. Nicht hinlegen! Das ist gefährlich. Stellen Sie sich einen Blitz vor, der auf einem freien Feld einschlägt. Wir gehen von einem perfekten, frisch gemähten Feld aus. Hier wird der Strom schön symmetrisch in alle Richtungen nach außen abfließen. Hocken Sie nun in dem Bereich, wo der Strom vom Blitz aus nach außen fließt, mit den Füßen eng beieinander, hat der Strom wenig Lust, durch Sie hindurchzufließen. Obwohl Sie ein passabler elektrischer Leiter sind, würde der Umweg durch Ihren Körper einen höheren Widerstand bedeuten als das sehr kurze Stück durch den Boden.

Anders ist es natürlich, wenn Sie die Beine spreizen oder – das wäre wirklich dumm – gerade Liegestütze machten. Jetzt ist der Weg durch Ihren Körper für den Strom eine Abkürzung, bei der er sicher auch einen gefährlichen Blick auf Ihr Herz wirft. Je kürzer also der Abstand zwischen Ihren Füßen ist, desto geringer ist die Gefahr, dass so etwas passiert. Und das ist auch der Grund, warum Kühe häufig Schäden durch Blitzeinschläge erleiden: Der Blitz schlägt zwar nicht direkt in die Kuh ein, aber sie schafft es einfach nicht, ihre Füße eng genug zusammenzustellen, um die Schrittspannung zu minimieren.

Woher kommt der Blitz?

Physikalisch sehr spannend ist die Frage, wie ein Blitz überhaupt entsteht. Die genauen Abläufe sind in jedem Einzelfall immer noch nicht komplett geklärt. Grob gesagt entsteht ein Blitz, weil die Natur keine Ungleichgewichte mag. In einer Gewitterwolke stoßen kleine Eisteilchen mit dickeren Graupel- oder Hagelkörnern zusammen. Die leichten Eiskristalle wollen nach oben, die schweren Hagelkörner nach unten. Bei ihren Zusammenstößen werden Elektronen von den Eiskristallen auf die Hagelkörner übertragen. Oben haben wir in der Folge nun eine positive Ladung, unten eine negative.

Wie schon gesagt: Die Natur mag keine Ungleichgewichte. Sie möchte das Ladungsgefälle ausgleichen. Hier kommt nun ein physikalisches Prinzip ins Spiel, das wie eine Krankheit klingt: die Influenz. Das ist eine Art elektrische Fernwirkung. Die negative Ladung der Wolkenunterseite stößt Elektronen im Erdboden ab. Diese fließen aus dem betreffenden Bereich ab und hinterlassen eine positive Ladung. Zwischen dem negativ geladenen unteren Teil der Wolke und dem positiven Erdboden entsteht ein Blitzkanal – und schon ist es passiert: Ein Blitz entlädt sich mit gewaltigen Stromstärken und einer Temperatur von etwa 30.000 Grad Celsius.

Wer solch eine Naturgewalt unmittelbar abbekommt, wird häufig meterweit durch die Luft geschleudert. Schuhsohlen werden abgerissen, Kleider zerfetzt. Ketten oder Gürtelschnallen können schmelzen oder verdampfen. Und als wäre das nicht schon gruselig genug, ist auf der Haut von überlebenden Blitzopfern gelegentlich die sogenannte »Lichtenbergsche Blitzfigur« zu sehen. Dieses baumartige Muster wurde nach Blitzschlägen auch schon auf Golfrasen, einem Lederhandschuh und Gehwegplatten gefunden. Glücklicherweise verblasst es nach einiger Zeit wieder.

Einer der dramatischsten Gewitterschäden überhaupt könnte der Absturz des Luftschiffs »Hindenburg« gewesen sein. Der Zeppelin war zusammen mit seinem Schwesterschiff eines der beiden größten Luftschiffe, die jemals gebaut wurden. Mit Hakenkreuzflaggen »geschmückt« und 97 Menschen an Bord schwebte die Hindenburg am 3. Mai 1937 von Frankfurt am Main nach Lakehurst bei New York. Knapp drei Tage dauerte die Reise, und sie war fast geschafft, als kurz vor der Landung über New York ein Gewitter aufzog. Der Kapitän der Hindenburg verschob die Landung, um eine Schleife zu drehen und das Unwetter durchziehen zu lassen. Das gelang auch, doch die Physik schlug zu, als die Hindenburg etwa 60 Meter über dem Landemast ihr Tau auswarf, um sich festbinden zu lassen. In dem Moment, als das Tau den Boden berührte, entzündete sich oben an einem kleinen Leck ein Wasserstoff-Luft-Gemisch. Das Traggas stand in Flammen, es kam zur Explosion.

Was den Brand genau ausgelöst hat, darüber wurde viel spekuliert und sogar ein Film gedreht (ein Anschlag?). Logisch und wahrscheinlich ist, dass die Hindenburg durch den Flug durch die Umgebung des Gewitters tatsächlich elektrostatisch aufgeladen war. Als das nasse Tau den Boden berührte, wurde sie schlagartig geerdet.

Der Hindenburg ist also vermutlich genau das passiert, was wir erleben, wenn wir mit Gummisohlen über den Teppich gehen und dann an eine Türklinke fassen. Darüber wollen wir uns doch jetzt nicht mehr beschweren, oder?

Alltags-Störfaktor
Lifehack-Faktor
Katastrophenpotenzial

Fingernägel auf der Tafel

Wie wir das Handy mithilfe von Eigenfrequenzen verstärken können und warum manche Geräusche so fies sind

Es gibt Geräusche, die lassen einem die Haare zu Berge stehen. Quietschende Kreide auf der Tafel. Styropor, das aneinanderreibt. Gabelkratzen auf dem Teller – vielleicht bekommen Sie auch bei einem dieser Geräusche eine Gänsehaut? Den meisten Menschen geht das so.

Eigentlich ein bisschen übertrieben von unserem Körper – schließlich passiert uns ja nichts, wenn die Kreide auf der Tafel quietscht. Aber das weiß unser Gehirn nicht. Für das limbische System und die Amygdala bedeuten hohe Töne zwischen 2.000 und 5.000 Hertz Gefahr. Könnte ja sein, dass eine unserer Stammesschwestern vor Angst schreit, weil sich ein Angreifer nähert. Da stellen wir lieber unseren Pelz auf, um für die Feinde imposanter zur wirken. Klappt natürlich nicht: Mit Gänsehaut sehen wir nicht Furcht einflößend aus, sondern eher ein bisschen wie Weicheier. Aber früher, als wir noch mehr Körperhaare hatten, war das bestimmt sehr beeindruckend!

Was sind die unbeliebtesten Geräusche, also die mit dem höchsten Gänsehaut-Faktor? Das empfindet jeder unterschiedlich. Der eine hasst es, wenn Luftballons gegeneinanderreiben, der andere nimmt das ganz cool. Vermutlich hat das mit schlechten Erfahrungen zu tun, die wir mit dem jeweiligen Geräusch gemacht haben. Ergebnis unserer Recherche: Ganz oben auf der Liste der Gänsehaut-Geräusche steht die quietschende Kreide auf der Tafel (was sagt uns das über unsere Erfahrungen mit Schule?).

Dieses Geräusch ließe sich eigentlich leicht verhindern, denn es entsteht nur dadurch, dass die Kreide in einem ungünstigen Winkel gehalten wird. Dadurch kann sie nicht mehr gleichmäßig über die Tafel gleiten, sondern bleibt immer wieder für einen kurzen Augenblick stehen, verbiegt sich ein bisschen und rutscht dann wieder los. »Haft-Gleit-Effekt« heißt dieses Phänomen. Jedes Mal, wenn die Kreide stecken bleibt, wird sie verbogen und entspannt sich wieder, sie gerät also in Schwingung. Dieses Schwingen hören wir als Kreischen oder Quietschen. Sehen können wir die stockende Bewegung und das Wieder-Losgleiten nicht, dafür passiert es zu schnell. Aber glauben Sie uns, liebe Lehrerinnen und Lehrer: Es ist da! Halten Sie die Kreide einfach in einem günstigeren Winkel. Oder setzen Sie sich an Ihrer Schule für Smartboards und Tablets ein! Sie tun vielen Schülerinnen etwas Gutes.

Am liebsten aus dem Fenster springen

Am anderen Ende der Frequenzskala quält uns ein Geräusch, das so fies ist, dass zumindest Judith am liebsten aus dem fahrenden Auto springen würde: Das dumpfe Wummern, wenn das Autofenster nur einen Spaltbreit offen ist. Wissen Sie, was wir meinen? Diese Welle, die durch den Wagen wummert und auf die Ohren drückt: »Wwp, wwp, wwp, wwp, wwp« – unerträglich! Meist geschieht das, wenn man die Fenster beim Losfahren einen Spaltbreit öffnet und dann immer schneller fährt. Woher kommt das widerliche Wummern? Und wie kann man es verhindern?

Wir schauen uns das Problem einmal in großem Maßstab an – nicht in einem Auto, sondern in einem Haus. Sie sitzen in Ihrem Wohnzimmer, das Fenster ist auf Kipp, und draußen fährt ein dicker Lkw vorbei. Im Wohnzimmer beginnt es beängstigend zu knattern, und die Geräusche, die plötzlich von überallher kommen, bringen wörtlich die Gläser im Schrank zum Klirren. Die Gläser klirren nicht etwa, weil das ganze Haus wackelt (das schafft ein Lkw dann doch nicht). Aber Lastwagen haben starke Motoren, in denen wie in allen Autos ständig kleine Explosionen ablaufen. Dabei entstehen Gase, die sich ausdehnen und durch das Auspuffrohr nach außen sausen. Die Frequenzen dieser Ausdehnung sind unterschiedlich, je nachdem, wie schnell der Lkw fährt. Vor allem, wenn die dicken Lastwagen in Wohngebieten anfahren und beschleunigen, durchlaufen sie dabei einen ganzen Bereich verschiedener Frequenzen.

Wenn dann das Fenster offen steht (oder auch nur auf Kipp), passiert Folgendes: Die Schallwellen dringen durchs Fenster, schwingen fröhlich durch den Raum und knubbeln sich an den Wänden. Dort erzeugen sie einen Überdruck. Der entlädt sich, und die Luft schwingt mit Schmackes zurück, durchs offene Fenster nach draußen. Jetzt fehlt im Raum Luft – ein Unterdruck entsteht. Sofort strömt neue Luft nach. Dieser Wechsel passiert wieder und immer wieder – und die Gläser im Schrank tanzen im Takt dazu. Im Wohnzimmer bildet sich eine stehende Welle.

Das Gleiche passiert auch im Auto, wenn wir mit halb geöffnetem Fenster anfahren: Irgendwann strömt die Luft so schnell ins Auto, dass die Wellenlänge genau der Eigenfrequenz des Autos entspricht. Das halb geöffnete Fenster erfüllt dabei die Funktion der Stimmlippe an der Blockflöte. Unser Auto spielt quasi Flöte. Wir könnten jetzt darüber streiten, ob es schlimmer ist, wenn Autos Flöte spielen oder wenn eine Blockflöte aus Plastik im Anfängerunterricht quietscht. Aber stattdessen schauen wir lieber, ob wir den störenden Effekt für uns nutzen können!

Podcast aus der Vase

Wenn ein Auto zum Instrument werden kann, dann können wir doch auch andere Haushaltsgegenstände als Verstärker nutzen! Das würde uns sehr helfen, denn wir haben aktuell ein Problem. Auf der

Fensterbank in unserer Küche steht ein altes Radio, das uns seit vielen Jahren beim Spülen die Zeit vertreibt. Doch jetzt sind seine Tage gezählt, denn zwei Dinge haben sich verändert. Erstens: Wir haben nun einen Kater, der das Haus am liebsten durchs Küchenfenster betritt und verlässt. Dafür müssen wir das Radio von der Fensterbank nehmen. Tun wir das nicht, rempelt der Kater dagegen und schubst das Radio in die Spüle (er macht das mit Absicht!). Darum nimmt immer wieder jemand aus unserer Familie das Radio vom Fensterbrett und zieht dabei versehentlich den Stecker heraus. Dann sind alle Sender gelöscht – was uns beim nächsten Abwaschen wahnsinnig nervt, denn wir bemerken es erst, wenn wir schon nasse, schaumige Hände haben und nichts mehr verstellen können.

Zweitens ist bei uns jetzt die Podcast-Sucht ausgebrochen – und die kommen nun mal nicht aus dem Radio, sondern aus dem Lautsprecher des Handys. Podcasts hören ist ein bisschen, als belausche man im Café das Gespräch am Nachbartisch. Mal ist es spannend, mal witzig und fast immer sehr lang. Die längste Folge unseres Lieblingspodcasts dauerte sieben Stunden und 39 Minuten, und bei diesem Ausmaß macht es nichts, wenn man nicht jedes Wort versteht, weil man nebenbei Geschirr spült, Staub saugt oder Auto fährt.

Dann aber gerieten wir an einen Wirtschafts-Podcast. Es ging um Thermostate und wie man damit reich wird – ein absolut nischiges und gerade deshalb faszinierendes Thema. Wie es sich für ein Wirtschaftsthema gehört, sprach der Gast mit ruhiger, sonorer Stimme, ohne viele Höhen und Tiefen. Und das wurde besonders bei Autofahrten zum Problem. Wir verstanden kein Wort des Podcasts, denn Bluetooth war noch nicht erfunden, als unser Autoradio gebaut wurde. Schnell gingen wir unsere Optionen durch: ein neues Auto kaufen (zu teuer), auf dem Seitenstreifen halten und den Podcast zu Ende hören (dauert zu lang) oder schnell einen besseren Lautsprecher bauen.

Wackelpudding und Bleistift

Physikalisch gesehen erfüllt ein Lautsprecher hauptsächlich eine Funktion: Er wandelt elektrische Signale in Schall um – also in Schwingungen der Luft. Das ist schwierig, wenn der Lautsprecher so klein ist wie in einem Handy. Stellen Sie sich die Luft als riesengroßen Wackelpudding vor und die Membran im Handylautsprecher als spitzen Bleistift. Nun möchten Sie den riesigen Wackelpudding zum Wackeln bringen, indem Sie ihn mit der Spitze des Bleistifts anpiksen. Das wird den Wackelpudding wenig beeindrucken. Er wird sich höchstens ein bisschen bewegen, wenn überhaupt. Leichter wäre es, wenn Sie mit dem dicken Radiergummi am anderen Ende des Bleistifts stupsen würden. Oder mit etwas noch Größerem, einem Kartoffelstampfer zum Beispiel.

Deshalb haben gute, leistungsfähige Lautsprecher in der Regel große Membranen. Je größer die Membran ist, desto leichter gelingt es, viel Energie auf eine große Menge Luft zu übertragen, also die Luft stärker in Schwingung zu versetzen. Und umso mehr Wumms hat der Lautsprecher.

Jetzt, im Auto, gab es keine große Membran, an die man das Handy anschließen könnte. Darum blieb zunächst nur ein Ausweg: Wir mussten die kleine Menge Schall, die das Handy von sich gab, dorthin lenken, wo wir sie haben wollten. Konkret: Die sonore Stimme des Thermostat-Millionärs sollte an unsere Ohren gelangen. Wenn man das Handy einfach auf den Beifahrersitz legt, verbreitet sich der Schall aus dem kleinen Lautsprecher in alle Richtungen, und nur ein kleiner Teil davon kommt bei uns an.

Das wollten wir ändern. Hierbei kam uns zugute, dass Schallwellen sich nicht so einfach von einem Medium ins andere bewegen. Eine Betonwand zum Beispiel schützt relativ gut davor, Gespräche aus der Nachbarwohnung mithören zu können. Denn der meiste Schall wird an der Wand reflektiert und kann in Beton nicht so leicht eindringen. Wir sagen hier bewusst »nicht so leicht«, denn komplett schalldicht sind Wände natürlich nicht – unsere Nachbarn, deren Wohnzimmer an die Wand mit unserem Klavier grenzt, können ein Lied davon singen… Wäre die Wand aber nur aus Holz, wäre das Klavier drüben noch lauter zu hören. Und im Zelt spielt aus gutem Grund überhaupt niemand Klavier.

Warum ist es im Zelt so laut?

Um die Frage zu beantworten, müssen wir uns klarmachen, was Schall überhaupt ist: nämlich Schwingungen. Solche Schwingungen können in jedem Medium entstehen – in Wasser, in Pudding und natürlich in der Luft. Im Handylautsprecher schubst ein elektrischer Impuls ein paar Luftmoleküle an, die geraten in Bewegung und stoßen die nächsten Moleküle an und so weiter. So wandert der Schall in einer Art Kettenreaktion durch die Luft. Sie können sich das vorstellen wie eine Metall- oder Plastikfeder, mit denen Kinder manchmal spielen (diese Dinger, die man die Treppe herunterklettern lassen kann): Wenn Sie die Feder leicht auseinanderziehen und dann an der einen Seite einen Impuls geben, geht dieser wie eine Welle durch alle Windungen.[19]

19 Für Detail-Fans: Schubst man die Feder in Richtung der Feder an, spricht man von einer Longitudinalwelle. Wenn man der Feder seitlich einen Impuls gibt, breitet sich seitlich eine Beule entlang der Feder aus. Das nennt man dann Transversalwelle. In Luft kann sich der Schall jedoch nur als Longitudinalwelle ausbreiten.

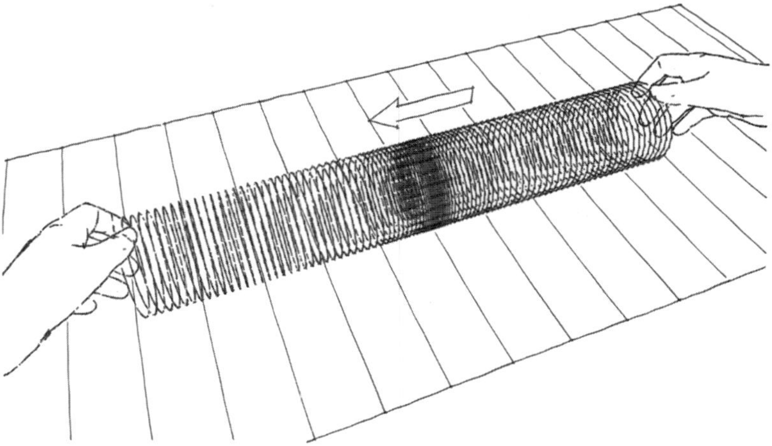

Schall hat aber noch eine Eigenschaft, die uns beim Bau eines improvisierten Auto-Lautsprechers sehr zugutekommt: Er ist – salopp gesagt – ein bisschen faul. Er wechselt nicht gern von einem Medium ins andere. Wenn Sie schon einmal in der Badewanne untergetaucht sind, während jemand vor der Wanne stand und mit Ihnen gesprochen hat, wissen Sie: Der Schall aus der Luft taucht nicht gern ins Wasser. Darum hören Sie die Stimme unter Wasser nur dumpf.

Physiker rechnen ja gern Dinge aus. Um zu errechnen, wie gut Schall von einem Medium ins andere wechselt, haben sie einen Begriff eingeführt – die Impedanz. *(Und Achtung: Hier kommen wir jetzt in wirklich komplexe Sphären der Physik. Halten Sie durch, Sie können wirklich stolz auf sich sein!)* Für die Impedanz spielen zwei Dinge eine Rolle: die Dichte eines Stoffes und die Geschwindigkeit, mit der Schallwellen sich in diesem Stoff bewegen.

Luft hat keine besonders hohe Dichte, sie ist ja ein Gas. Wirklich schnell ist Schall in der Luft auch nicht. Er bewegt sich mit einer Geschwindigkeit von ungefähr 340 Metern pro Sekunde (m/s). Durch andere Stoffe bewegt sich Schall viel schneller! In Kunststoff kann sich Schall mit 2.300 m/s bewegen. Gleichzeitig hat Kunststoff auch noch eine höhere Dichte als Luft. Die Impedanz von Luft und Kunststoff ist also sehr unterschiedlich. Und je unterschiedlicher die Impedanz ist, desto weniger gern wechselt Schall von einem Medium ins andere. Das bedeutet: Der Schall bewegt sich nicht gern von der Luft in Kunststoff.

Das ist sehr praktisch für den Bau unseres Lautsprechers! Stellen Sie sich vor, unsere Podcast-Schallwelle schwingt gemütlich durchs Auto. Plötzlich prallt sie auf das Armaturenbrett, denn das ist ja aus Kunststoff. Was macht die Schallwelle nun? Genau das, was wir auch tun, wenn wir nicht angeschnallt sind und eine Vollbremsung machen: Sie knallt gegen das Armaturenbrett und prallt von dort wieder ab. Für den menschlichen Körper wäre das mindestens schmerzhaft, den Schall beeindruckt das wenig. Wenn Kunststoff den Schall abprallen lässt, sollte er also in der Lage sein, ihn gezielt an unsere Ohren zu lenken. Und so ist es auch: Unser Auto hat auf der Ablage unter der Windschutzscheibe ein kleines Fach für eine Sonnenbrille. Wenn man das Handy dort hineinlegt und die Klappe offen lässt, wird der Schall von der Klappe reflektiert und landet in den Ohren des Fahrers (wer kein Sonnenbrillenfach hat, kann das Handy in eine Vertiefung in der Mittelkonsole stellen. Dann kommt die sonore Stimme des Wirtschaftsexperten zwar von etwas weiter unten, ist aber auch gut zu hören).

Kein Lautsprecher aus Pappe!

Dieser selbst gebaute Lautsprecher funktioniert immer dann, wenn das verwendete Material eine deutlich andere Impedanz hat als Luft. Glas und Porzellan klappen gut, Pappe und Styropor schlecht. Als wir zu Hause ankommen, wissen wir dank des selbst gebauten Lautsprechers alles über Thermostate. Aber eigentlich sind uns die schon längst egal: Wir möchten wissen, aus welchem Gefäß im Haushalt sich der beste Verstärker für das Handy bauen lässt.

Testobjekt 1: unsere größte Vase. Sie ist fast kniehoch, und meistens stellen wir Sonnenblumen hinein. Der Podcast plappert los: Die Stimme klingt aus der Vase tatsächlich lauter, dafür aber auch ziemlich dumpf. Marcus topft das Handy um in Testobjekt 2: eine etwas kleinere Vase, die in der Mitte tailliert ist und oben breit auseinanderläuft. Es klingt ganz okay. So hören wir uns durch eine Vase nach der anderen. Schnell steht fest: Auf die Größe kommt es nicht an. Höhere und breitere Vasen machen den Ton nicht unbedingt lauter. Oft klingen sie sogar schlechter als die kleinen.

Testsieger nach zwei Stunden: unsere kleinste Vase. Sie ist ungefähr 15 cm hoch und hat oben einen Durchmesser von 12 cm. Aus ihr klingt der Podcast genauso laut wie aus den größeren, zusätzlich aber ist der Ton viel klarer. Noch lauter wird es nur, als wir den Lautsprecher des Handys unten an eine Vuvuzela halten, die noch aus der Zeit in unserem Keller liegt, als in Südafrika die Fußballweltmeisterschaft stattfand. Die lief natürlich außer Konkurrenz, denn man braucht zwei Hände, um die Vuvuzela ans Handy zu halten, und eine gehörige Verrenkung, um seine Ohren vor den Schalltrichter zu bekommen. Freie Hände zum Abwaschen hat man dann auch nicht mehr.

Der Sound leerer Becher

Was hat die kleine Vase, was die Großen nicht haben? Erstens hat sie eine hilfreiche, konische Form. Der Boden hat einen kleinen Durchmesser, und nach oben wird die Vase konstant breiter. Durch diese Trichterform wird auch die Schallfront immer breiter, was die Lautstärke konstant verstärkt (Fanfaren, Trompeten oder Posaunen sehen nicht ohne Grund so aus, wie sie aussehen). Die Trichterform dient also dazu, die unten eingebrachte Energie möglichst gut auf die Luft zu übertragen.

Zweitens hat sie die perfekte Größe. Jeder Gegenstand hat eigene Frequenzen, in denen die darin befindliche Luft besonders gerne schwingt, abhängig von Form und Größe. Wenn ich mein Handy in eine dicke Bodenvase stecke, werden andere Tonhöhen verstärkt als in einem Saftglas.

Diese unterschiedlichen Eigenfrequenzen kann man übrigens hören, wenn man sein Ohr über einen leeren Becher oder ein leeres Glas legt. Vielleicht haben Sie ja gerade einen Kaffee oder Tee neben sich stehen. Sofern der Becher nicht mehr voll mit einem dampfenden Getränkt ist, legen Sie Ihr Ohr ruhig einmal über die Öffnung: Erst hören Sie ein Rauschen, wie früher bei den gewundenen »Rauschmuscheln« am Strand (als Kinder dachten wir, wir würden das Meer rauschen hören, bis wir erfuhren, dass es das Blut in unseren Ohren sein sollte). Hören Sie einfach weiter – dann merken Sie, dass Sie wirklich einen Ton hören, der je nach Behältnis verschieden ist. Man kann diesen Ton sogar mitsingen.

Warum hören Sie einen Ton? Der Becher macht ja selbst keine Geräusche – und Sie haben (hoffentlich) auch keinen Tinnitus. Es ist so: Alle Umgebungsgeräusche, die um Sie herum sind, strömen in den Becher, kurze und längere Wellen, alle möglichen Frequenzen durcheinander. Aber nur Geräusche mit einer bestimmten Wellenlänge regen den Becher zum Schwingen an, weil sie genau die passende Frequenz treffen, nämlich die Eigenfrequenz des Bechers.

Die Lage ist die gleiche wie bei der stehenden Welle im Wohnzimmer. Eine Druckwelle breitet sich im Becher aus, und an dessen Boden staut sich für einen kurzen Moment die Luft. Dort entsteht kurzfristig ein Überdruck. Der entlädt sich wieder und schiebt die Luft nach oben – und zwar extrem schnell, nämlich mit Schallgeschwindigkeit. Weil unser Becher eine große Öffnung hat (wir wollen ja bequem daraus trinken), hat die Luft freie Bahn: Wie jede Masse ist auch sie träge, und einmal angeschoben hält sie nicht so gern wieder an. So kommt es, dass schnell zu viel Luft aus dem Becher geschoben wird. Oben geht mehr raus, als eigentlich drin war. Unten im Becher haben wir nun statt eines Überdrucks einen Unterdruck. Den gleicht die Umgebungsluft aus, indem sehr schnell neue Luft in den Becher strömt – die sich wieder unten staut und für einen Überdruck sorgt. So schwingt die Druckwelle immer hin und her, und zwar in dem Rhythmus, der genau zum Becher passt.

Die Höhe des Bechers bestimmt, wie die Luft hin und her schwingt. Ist der Becher sehr hoch, braucht der Druck länger, um sich zu entladen und wieder aufzuladen. Ist der Becher niedrig, geht das schneller. Die Luft schwingt also in der Eigenfrequenz des Bechers – oder der Vase. Töne, die in diesem Bereich liegen, werden sauber verstärkt und klingen gut.

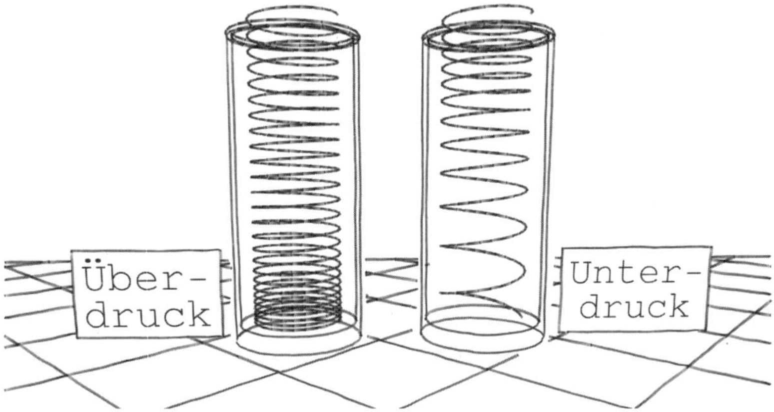

Podcast ja, Musik nein

Unsere Testsieger-Vase mit einer Höhe von 15 cm eignet sich gut, um gesprochene Sprache zu verstärken. Auch ein noch kleinerer Behälter, zum Beispiel ein breites Glas, tut hier gute Dienste (im Internet finden sich zudem viele kreative, selbst gebaute Handyverstärker, aus Rohren, Bechern oder Gläsern). Sie verstärken die Frequenzen gesprochener Sprache.

Das gilt nur für Sprache, wohlgemerkt! Unsere Tochter nahm unseren Testsieger, die konische Vase, mit ins Bad, um in der Dusche endlich richtig laut ihre Lieblingsband zu hören. Laut war die Musik auch, aber sie klang grauenhaft. Dumpf, scheppernd – einfach unangenehm. Das war aus der Sicht einer 13-Jährigen wahnsinnig enttäuschend, aus physikalischer Sicht aber hochinteressant! Der Vasen-Lautsprecher eignet sich nicht für Musik, weil sie zu viele unterschiedliche Frequenzen enthält. Wer gut Musik hören möchte, muss die große Bodenvase aus dem Keller holen. Oder beim Geschirrspülen das alte Küchenradio einschalten. Das bleibt auf jeden Fall auf seinem Ehrenplatz in der Küche, zum Musikhören. Es hat so einen schönen Lautsprecher, aus dem alle Töne gut klingen. Der Kater soll gefälligst einen Bogen darum machen!

Alltags-Störfaktor
Lifehack-Faktor
Katastrophenpotenzial

Beschlagene Brillen und blinde Spiegel

Wie man Luftfeuchtigkeit austrickst und dadurch besser sieht

Luftfeuchtigkeit – was für ein langweiliges Thema … denken Sie! Aber lösen Sie doch erst mal dieses Rätsel: Was, denken Sie, ist schwerer: feuchte Luft oder trockene Luft? Die Auflösung gibt's am Ende des Kapitels.

Vorher wird es aber erst mal so richtig lästig. Es geht um beschlagene Brillen. Besonders störend ist das, wenn man im Winter von draußen in die warme Wohnung kommt. Ist ja klar, kennt jeder – und wäre bis vor Kurzem keine Erwähnung in einem Buch wert gewesen. Doch dann kam Corona. Mit der Pflicht zum Tragen einer Mund-Nasen-Maske wurden beschlagene Brillen vom Nischenthema zum allgemeinen Problem. Denn Brillen beschlagen mit Maske ständig, auch wenn es nicht kalt ist, einfach weil der feuchte Atem vom Stoff nach oben abgeleitet wird.

Besonders genervt davon war unser Sohn, der täglich acht Stunden mit Brille und Maske in der Schule verbrachte. Er schob die Brille bis auf die Nasenspitze, aber das half auch nicht. Er nahm eine Maske mit Metallbügel, die er eng an sein Gesicht presste – kein Erfolg. Er kaufte Anti-Beschlag-Spray, aber außer einer verschmierten Brille hatte er davon nichts. Am Ende setzte er seine Brille im Unterricht meistens einfach ab (nicht gut für die Augen, und auch nicht für die Schulnoten, denn nun konnte er die Tafel sehen, aber nicht immer alles lesen).

Durch das permanente Schimpfen unseres Sohnes wurde uns bewusst, wie sehr Luftfeuchtigkeit manchmal nervt. Dieser Wasserdampf, der sich in der Luft befindet und sich dort mit anderen Bestandteilen unserer Atemluft mischt, wie beispielsweise Sauerstoff oder Stickstoff. Wie kann man den in den Griff kriegen? Gibt es physikalische Tricks gegen beschlagene Brillen?

Die Wurzel des Übels ist die Tatsache, dass warme Luft mehr Wasserdampf halten kann als kalte. Unter der Maske, nahe an unserem Gesicht, ist die Luft sehr warm (= viel Feuchtigkeit). Außerdem atmen wir unter der Maske aus (= noch mehr Feuchtigkeit). Diese warme, feuchte Luft dringt durch die kleinen Lücken zwischen Maske und Nase nach oben und trifft auf die Brille. Hier ist es kälter, denn die Brille ist ja im Kontakt mit der kühleren Luft um uns herum. Die ausgeatmete Luft kühlt sich an der Brille ab und erreicht ihren Taupunkt. Das ist die Temperatur, bei der die Luft, salopp gesagt, »das Wasser nicht mehr halten kann«. Feuchtigkeit beginnt, sich an einem Gegenstand abzusetzen. In diesem Fall an den Brillengläsern.

Eine Nummer größer erleben wir das an unserem Badezimmerspiegel. Nach dem Duschen sieht man nichts mehr. Das ist erst mal unlogisch. Wir heizen das Bad zum Duschen muckelig warm, und warme Luft kann doch mehr Wasserdampf halten als kalte. Genau: mehr – aber nicht unendlich viel. Beim Duschen gelangt extrem viel Wasserdampf in die Luft, viel mehr, als selbst Heizungsluft stemmen kann. Irgendwann ist der Taupunkt erreicht, und die relative Luftfeuchtigkeit liegt bei 100 Prozent. Das bedeutet, dass die Luft nicht noch mehr Wasserdampf aufnehmen kann. Der Wasserdampf kondensiert am Spiegel, an den Fliesen oder am Fenster. So eine hohe Luftfeuchtigkeit herrscht sonst nur im tropischen Regenwald, wo sie relativ konstant bei 90–100 Prozent liegt.

Was ist schlechte Luft?

Richtig angenehm ist der Aufenthalt im vernebelten Bad oder im schwülen Regenwald nicht. Wir Menschen empfinden in der Regel eine Luftfeuchtigkeit von 50–60 Prozent als angenehm. Das reicht, um die Schleimhäute in Mund und Nase feucht zu halten. Gleichzeitig ist diese Luft trocken genug, dass wir selbst Wasser an sie abgeben können. Denn das tun wir ständig, auch wenn wir das nicht immer merken. Klar, wer Sport macht, schwitzt spürbar. Aber auch sonst transpirieren wir unablässig. Ungefähr einen halben Liter Wasser pro Tag geben wir an die Luft ab, etwa einen weiteren halben Liter atmen wir aus. (Das erklärt, warum es wirklich sinnvoll ist, ausreichend zu trinken!)

In unserem Fall gelangen allein aus den Körpern unserer sechsköpfigen Familie täglich sechs Liter Wasser in die Luft unserer Wohnung. Kann die Luft überhaupt all diese Feuchtigkeit aufnehmen? Es gibt zwei physikalisch korrekte Wege, das herauszufinden. Entweder wir machen ein Experiment: Wir schließen uns drei Tage ein und öffnen in dieser Zeit weder ein Fenster noch die Tür. Oder wir rechnen das aus.

Weil uns das Experiment selbst in Zeiten von Corona-Lockdowns mühsam erschien, haben wir uns für die Rechnung entschieden. Unser Wohnzimmer ist 20 Quadratmeter groß. Bei einer Deckenhöhe von 2,40 m enthält der Raum 48 Kubikmeter Luft. Jetzt müssen wir natürlich wissen, wie viel Wasserdampf ein Kubikmeter Luft aufnehmen kann. Das hängt, wie gesagt, von der Temperatur ab. Je wärmer die Luft wird, desto mehr Wasserdampf ist nötig, um sie zu sättigen. Stellen Sie sich vor, Sie stünden in einer rund 35 Grad heißen Wüste, wo 7,6 ml Wasser in einem Kubikmeter Luft unterwegs sind. Wahrscheinlich würden Sie die Wüstenluft als sehr trocken empfinden – zu Recht, denn dieser Wert entspricht einer relativen Luftfeuchtigkeit von nur 20 Prozent. Das bedeutet: Die Luft hat lediglich 20 Prozent der Wassermenge aufgenommen, die sie aufnehmen könnte. Mehr ist in der Wüste eben nicht zu kriegen.

Aber dann wird es Nacht, und unsere Wüste kühlt radikal ab. Große Temperaturunterschiede sind beispielsweise in der Sahara ja nichts Seltenes. Nehmen wir an, unsere Wüste ist jetzt rund 7 Grad

Celsius kalt. Immer noch sind 7,6 ml Wasser pro Kubikmeter Luft unterwegs. Aber die Luft hat sich so weit abgekühlt, dass sie viel weniger Wasser aufnehmen kann. Die 7,6 ml schafft sie gerade noch so. Darum liegt die relative Luftfeuchtigkeit plötzlich bei 100 Prozent. Bei gleicher Wassermenge! Auf diese Weise lässt sich in Wüsten übrigens Wasser gewinnen. Man breitet am Abend eine Folie auf dem Boden aus und erntet in den frühen Morgenstunden das in der kühlen Luft kondensierte Wasser. Wer im Sommer sein Auto mit einer Klimaanlage runterkühlt, hätte deshalb eigentlich eine Menge Kondenswasser an den Scheiben. Die Konstrukteure der Klimaanlage haben aber vorgesorgt: Das kondensierte Wasser fließt über einen Schlauch ab, und unser Auto ist schön kühl, mit angenehmer Luftfeuchtigkeit.

Ob Wasser kondensiert, hängt also nicht nur von der absoluten Menge des Wasserdampfs in der Luft ab, sondern ebenso von der Temperatur. Wenn morgens der Nebel über einer Wiese hängt, ist es einfach noch so kalt, dass die Luft etwas von ihrer Feuchtigkeit dort parken musste. Erwärmt sie sich, nimmt sie die Feuchtigkeit wieder auf, und der Nebel verschwindet.

Eiswüste Gefrierfach

Eindrücklich beobachten kann man diesen Effekt auch im Gefrierfach unseres Kühlschranks. Das ist immer völlig vereist: Die Wände sind überzogen mit Schneekristallen, vergessene Packungen mit Fischstäbchen sind wie Fossilien in diese Schicht eingefroren. Der Kühlschrank samt Eisfach steht in der Küche, dem wärmsten Raum in unserem Haus. Hier kochen und backen wir, und das allein verursacht so viel Wärme, dass wir die Küche nie heizen müssen. Beides sorgt aber auch für eine Menge Luftfeuchtigkeit. Beim Kochen wird bis zu 1.500 ml Wasserdampf pro Stunde in die Luft abgegeben, das ist sogar mehr als beim Duschen (bis zu 800 ml). Wenn wir das Gefrierfach öffnen, strömt die warme, feuchtigkeitshaltige Luft in das eiskalte Fach – und kondensiert sofort zu wunderschönen, aber auch sehr störenden Eiskristallen. Die einzige Lösung für dieses Problem besteht darin, das Fach nicht mehr zu öffnen. Dann wären vermutlich keine Eiskristalle darin – oder vielleicht doch? Wir wüssten es ja nicht, da wir das Fach nicht öffnen würden. Die Situation wäre ein bisschen wie mit Schrödingers berühmter Katze …

Aber zurück in unser Wohnzimmer. Bei 20 Grad Celsius und einer angenehmen Luftfeuchtigkeit von 60 Prozent enthält jeder Kubikmeter Luft 10 Milliliter Wasser. Wir haben 48 Kubikmeter Luft im Raum, also sind dort 480 ml Wasser unterwegs. Ein knapper halber Liter. Wenn wir abends mit Freunden zu viert im Wohnzimmer sitzen und ein Spiel spielen, gibt jeder von uns pro Stunde ungefähr 50 ml Wasserdampf ab (wir stufen »ein Spiel spielen« jetzt mal als leichte körperliche Aktivität ein, wir spielen ja nicht Völkerball). Das sind pro Stunde 200 ml Wasserdampf mehr. Die relative Luftfeuchtigkeit steigt also stetig an. In den ersten zwei Stunden ist das kein Problem, wir waren ja bei 60 Prozent gestartet. Aber wenn wir lange dort sitzen und nicht lüften, wird es unangenehm.

Tatsächlich braucht man nicht unbedingt technische Geräte, die Luftfeuchtigkeit messen, man merkt das ganz gut selbst. Wenn wir alle zusammensitzen, kommt es häufig vor, dass irgendjemand darum bittet, einmal kurz zu lüften. Täten wir das nicht, läge die relative Luftfeuchtigkeit irgendwann bei 100 Prozent. Die Feuchtigkeit würde sich im Raum absetzen – auf Möbeln, Kleidung, an den Wänden und an den Fenstern. Und wenn wir das länger so durchziehen würden, hätten wir irgendwann Schimmel. Schimmelpilze lieben es feucht und gedeihen bevorzugt dort, wo die relative Luftfeuchtigkeit über längere Zeit bei mehr als 80 Prozent liegt.

Die Feuchtigkeit, die wir Menschen erzeugen, muss also raus. Das ist ein wesentlicher Sinn regelmäßigen Lüftens. Man lässt Kohlendioxid hinaus und wird Feuchtigkeit los. Das funktioniert natürlich nur, solange es draußen nicht noch feuchter ist. Im Sommer zum Beispiel bringt die warme Luft viel Feuchtigkeit hinein, einfach, weil sie mehr Wasserdampf enthält. Deshalb ist es sinnvoll, im Sommer nachts oder früh am Morgen zu lüften, wenn die Luft noch kühl ist. Dann hat sie einen Teil ihres Wasserdampfs als Tau auf der Wiese abgelegt und schleppt ihn nicht zu uns rein.

Richtig lüften

Im Winter ist das egal, da kann man den ganzen Tag lang immer mal wieder lüften. Trotzdem ist man im Winter versucht, die Fenster geschlossen zu lassen – es wird ja so unangenehm kalt! In unserer Familie gibt es zwei Fraktionen: Frischluftfanatiker und T-Shirt-Träger. Die einen wollen mehrmals am Tag alle Schotten aufreißen, egal ob es draußen friert. Die anderen möchten vor allem nicht frieren. Ein klassischer Morgen verläuft deshalb so: Judith ist als Erste in der Küche und reißt das Fenster auf. Marcus kommt eine Minute später und schließt es. Unsere Tochter erscheint und öffnet das Fenster wieder, worauf sich ihr Bruder beschwert – und so weiter. Für die T-Shirt-Träger spricht, dass jedes Lüften im Winter die Wohnung natürlich abkühlt. Daher muss sie wieder geheizt werden, und das kostet Geld. Deshalb raten Experten, die Fenster kurz und kräftig aufzureißen und dann wieder zu schließen, also auf keinen Fall »auf Kipp« lassen. Mit unserem chaotischen Hin und Her beim morgendlichen Lüften kommen wir also ohne Absicht dem perfekten Luftaustausch ziemlich nahe.

Der Erfinder der schlechten Luft

Ob wir uns in einem Raum wohlfühlen, hängt natürlich nicht nur von der Luftfeuchtigkeit ab. Es gibt ja auch noch Luftbestandteile wie Sauerstoff, Kohlendioxid usw. Ihre Konzentration entscheidet darüber, ob in einem Raum »schlechte Luft« ist oder nicht. Der Wissenschaftler Max Pettenkofer hat diese Faktoren bereits im Jahr 1858 intensiv untersucht.[20] Pettenkofer ist quasi der Erfinder der »schlechten Luft«. Er beschäftigte sich mit Hygiene und ihren Auswirkungen auf die menschliche Gesundheit. Außerdem war er ein großer Freund von Experimenten. Berühmt ist sein Selbstversuch, in dem er eine Kultur von Cholera-Erregern schluckte, um zu beweisen, dass nicht sie allein die Krankheit auslösen. Er kam mit einem leichten Durchfall davon.

Pettenkofer dichtete einen Raum möglichst gut ab und hielt fest, bei welcher Luftzusammensetzung sich seine Versuchspersonen darin wohlfühlten. So fand er heraus, dass Menschen es mögen, wenn weniger als 0,1 Prozent Kohlendioxid in der Luft sind. Das entspricht 1.000 Kohlendioxid-Molekülen auf 1 Million Luftteilchen. Bei dieser Menge, fand Pettenkofer heraus, war auch die Geruchsbelästigung durch andere Menschen am geringsten. Diese »Pettenkofer-Zahl« galt sehr lange als Maßstab für gute Luft und wurde erst in jüngster Zeit durch differenziertere Maßstäbe ersetzt.

Auf das Lüften verzichtete Pettenkofer in seinem Versuch. Er nahm an, dass die Wände wesentlich zum Luftaustausch beitragen. In Versuchen zu »atmenden Wänden« dichtete er einzelne Seiten von Ziegelsteinen ab und fand heraus, dass Luft trotzdem noch hindurchgepresst werden konnte. Der Luftaustausch durch die Wände,

20 Max Pettenkofer: *Über den Luftwechsel in Wohngebäuden*. Cottaesche Buchhandlung, München 1858.

folgerte er, trage wesentlich zur guten Raumluft bei. Das ist nicht ganz so,[21] denn Pettenkofer arbeitete mit sehr hohem Druck, der im Alltag in unseren Wohnungen nicht vorliegt. Bemerkenswert ist aber, dass er schon damals schrieb, der Luftaustausch funktioniere schlechter bei Wänden moderner Häuser. Das ist auch heutzutage der Fall: Je besser unser Haus isoliert ist, desto mehr müssen wir aufpassen, dass die Luftfeuchtigkeit drinnen nicht kondensiert. Denn ein gut isoliertes Haus hält draußen, was draußen ist, und drinnen, was drinnen ist.

Wer genervt ist vom ständigen Lüften, Heizen und Brilleputzen, der kann sich die positiven Effekte der Kondensation vor Augen halten. Ohne sie gäbe es beispielsweise keine Wolken. Wolken entstehen, weil die Luft sich in größerer Höhe abkühlt. Dann kann sie die Feuchtigkeit nicht mehr halten, und der Wasserdampf kondensiert. Das sind beachtliche Mengen Wasser, die da über uns schweben! Je nach Größe der Wolke kommt da locker ein Gewicht von 100 Tonnen Wasser zustande, so viel wie 20 Elefanten. Und die fallen uns irgendwann auf den Kopf: Wenn die Wolke zu schwer wird, regnet es. Dies ist ein absolut positiver Aspekt der Luftfeuchtigkeit, denn auf Regen möchten wir ja wirklich nicht verzichten (besonders in den letzten sehr heißen Sommern ist auch uns der Wert des Regens noch einmal bewusst geworden).

Außerdem ist der Show-Effekt von feuchter Luft nicht zu unterschätzen! In unserer Wissenschaftsshow gibt es ein Experiment, bei dem wir flüssigen Stickstoff mehrere Meter hoch in die Luft spritzen. Der Stickstoff verdampft, kühlt die Luft stark ab, und der darin enthaltene Wasserdampf kondensiert zu einer Wolke. Die Wirkung dieses Effektes schwankt zwischen »ganz ansehnlich«, wenn die Luft

---

21 H. Künzel: *Kritische Betrachtungen zur Frage des Feuchtehaushaltes von Außenwänden.* Gesundheits-Ingenieur, 1970.

eher trocken ist, und »Wow, Wahnsinn!«, wenn durch feuchte Luft eine wirklich dichte Wolke entsteht, die anschließend langsam zu Boden sinkt. Ähnlich verhält es ich übrigens auch, wenn Sie ein Eis frisch aus der Tiefkühltruhe holen. Häufig sieht man Nebel unter dem Eis nach unten strömen. Je feuchter die Luft, desto ausgeprägter der Effekt. In komplett trockener Luft wird davon jedoch nichts mehr zu sehen sein.

Heizbare Brillen und andere Tricks

Auch wenn wir die Kondensation an nervigen Stellen nicht verhindern können, so können wir sie doch zumindest ein wenig austricksen. Eine Möglichkeit, das zu tun, ist es, die Luft an kritischen Stellen zu erwärmen, damit sie mehr Feuchtigkeit aufnehmen kann. Ich kann zum Beispiel meinen Badezimmerspiegel föhnen. Das dauert lange, funktioniert aber. Alternativ kann ich ihn mit einem Handtuch abwischen, aber meistens beschlägt er dann sofort wieder. Eine clevere Lösung entdeckten wir bei einer beruflichen Reise nach Japan: Dort war hinter dem Spiegel im Hotel eine kleine Heizspirale befestigt. Die beheizte eine briefpapiergroße Fläche, die dann nicht mehr zu den kältesten Punkten im Raum zählte und nicht beschlug. Wer mit dem Handtuch ähnlich erfolgreich sein will, kann einen vergleichbaren Effekt erzielen: Man muss nur stark genug reiben, dann erwärmt sich die Scheibe ein wenig und bewirkt das Gleiche.

Eine super Idee, die leider bei einer beschlagenen Brille nicht funktioniert (obwohl – so ein heizbarer Rahmen …?). Wer möchte, kann stattdessen den Seifentrick ausprobieren: Nehmen Sie ein trockenes Stück Seife oder ein Tröpfchen Spüli und reiben Sie damit vorsichtig über die Brillengläser. Anschließend polieren Sie die Brille mit einem weichen Tuch, einem Brillenputztuch oder einem anderen Tuch aus Mikrofaser (Vorsicht, dass die Gläser nicht zerkratzen). Jetzt sollte es etwas besser sein mit dem Beschlagen. Denn von der Seife bleibt ein hauchdünner Film zurück. Der verhindert zwar nicht, dass Wasser kondensiert, aber es bilden sich keine Tröpfchen, sondern nur ein sehr gleichmäßiger Wasserfilm. Die Seife setzt die Oberflächenspannung des Wassers herab und verhindert so, dass es sich Wasser-Tröpfchen auf der Brille gemütlich machen. Das klappt auch mit dem Badezimmerspiegel. In beiden Fällen muss man den Seifenfilm alle paar Tage erneuern.

Wenn Sie nichts von beidem zur Hand haben, gibt es noch ein biologisches Zaubermittel: Spucke. Vielleicht kennen Sie den Trick aus dem Schwimmbad. Dort beschlagen die Schwimm- oder Taucherbrillen, und zwar aus den oben beschriebenen Gründen: Die Luft unter der Brille wird nach und nach immer feuchter und kondensiert an den kühleren Gläsern der Brille. Wenn Sie kräftig hineinspucken und den Speichel verreiben, hat sich das Problem erledigt.

Unsere Spucke besteht zwar größtenteils auch aus Wasser, aber eben nicht nur. Sie enthält auch Proteine, die uns hier sehr helfen. Die entscheidenden Proteine heißen Mucine. Mucine sind im Grunde nichts anderes als Schleim. Sie werden von Pflanzen genauso gebildet wie von Tieren, und eben auch von uns Menschen. Der Schleim hilft zum Beispiel dabei, beim Essen die zerkauten Speisen durch die Speiseröhre in den Magen rutschen zu lassen. Nicht appetitlich, aber sehr praktisch!

Wenn Sie nun in Ihre Taucherbrille spucken, verteilen sich die Proteine auf den Gläsern und sind mit Wasser nicht so leicht wieder abzuspülen (versuchen Sie mal, einen Teller mit Resten einer proteinhaltigen Käse-Sahne-Sauce ohne Spülmittel sauber zu kriegen). Die kondensierten Wassertröpfchen perlen einfach ab, und Sie haben freie Sicht. Diesen Vorschlag haben wir auch unserem Sohn gemacht für sein Problem mit Brille und Gesichtsmaske in der Schule. Wir waren nicht überrascht, als er ablehnte (»Ich spucke doch nicht auf meine Brille!«). Aber rein physikalisch wissen wir: Es hätte funktioniert.

Zum Schluss sind wir Ihnen noch die Lösung des Rätsels vom Kapitelanfang schuldig. Was ist nun schwerer: trockene oder feuchte Luft? Vielleicht haben Sie gedacht, dass es nur die trockene Luft sein kann, wenn wir schon so fragen. Und Sie haben recht! Physikalisch richtig ausgedrückt: Trockene Luft hat eine höhere Dichte als feuchte Luft. Uns hat diese Tatsache erst überrascht. Wenn man jedoch ein bisschen darüber nachdenkt, wird es plausibel.

Stellen wir uns mit Wasserdampf gesättigte Luft bei 20 Grad Celsius vor. Ein Kubikmeter Luft enthält dann 17,3 g Wassermoleküle,[22] die zwischen den anderen Molekülen der Luft durch die Gegend schwirren. Die Luftfeuchtigkeit ist nur ein kleiner Bestandteil der Luft, aber immerhin ist jedes 43. Teilchen in der Luft ein Wassermolekül. Die anderen Moleküle sind Stickstoff, Sauerstoff und Argon. Die Spurengase (Kohlendioxid und so weiter) können wir hier außer Acht lassen.

Lassen Sie uns unsere feuchte Luft nun trocknen – zum Beispiel, indem wir einen Entfeuchter wie von der Baustelle hineinstellen. Praktisch bedeutet dies, dass alle Wasserteilchen, also jedes 43. Teilchen, aus unserem Luftvolumen verschwindet. Von außerhalb strömen nun, um den Druck auszugleichen, Luftteilchen nach. Letztlich wird jedes Wasserteilchen gegen irgendein Luftteilchen ausgetauscht. Das können wir uns wirklich so vorstellen, denn das Volumen des Gases ist fast unabhängig davon, aus welchen Teilchen es besteht, solange nur die Anzahl gleich bleibt.

Ein Wassermolekül wiegt 18 u (»u« ist die Maßeinheit, mit der man das Gewicht von Atomen und Molekülen misst). Ein anderes, durchschnittliches Luftteilchen ist schwerer: Es wiegt im Schnitt 28,9 u. Wenn wir also unsere leichten Wassermoleküle gegen schwe-

---

22 Bei einem Luftdruck von 1013 hPa, was dem normalen Umgebungsdruck entspricht.

rere Kollegen austauschen, muss trockene Luft tatsächlich schwerer sein als feuchte. Auf einen Kubikmeter Luft bezogen, macht dieser Unterschied immerhin etwa 10 Gramm aus.

Trotzdem fühlt sich warme, schwüle Gewitterluft im Sommer schwer an. Die Feuchtigkeit legt sich auf unsere Haut, und das Transpirieren wird schwieriger. Angenehm ist das nicht – da nützt es auch nichts, zu wissen, dass trockene Luft noch schwerer wäre.

Alltags-Störfaktor
Lifehack-Faktor
Katastrophenpotenzial

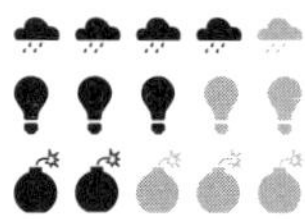

Ruhe in Frieden, Handy!

Warum iPhones durch Diffusion einen schrecklichen Tod sterben, uns derselbe Effekt aber knackige Möhren beschert

Wer Helium einatmet, bekommt eine Stimme wie Micky Mouse: hell, quietschig und künstlich, sehr witzig. Helium ist ein leichtes Gas, in dem sich der Schall schneller ausbreitet als in Luft (nur Wasserstoff hat eine noch geringere Dichte). Darum klingt unsere Stimme viel höher. Weil das so viel Spaß macht, dürfen unsere Kinder manchmal Helium einatmen, wenn sie uns in der Werkstatt besuchen. Allerdings nur wenig und kontrolliert, denn ungefährlich ist das nicht. Als leichtes Gas entweicht Helium zwar von selbst wieder aus der Lunge, aber wenn man zu viel davon einatmet, kann es passieren, dass zu wenig Luft in der Lunge ist. Es ist schon vorgekommen, dass Leute dadurch ohnmächtig geworden sind, hingefallen und sich den Kopf angestoßen haben. Also: Vorsicht beim Einatmen von Helium!

Für eine Fernsehsendung wurden wir darum gebeten, einen sicheren Weg zu finden, wie prominente Gäste Helium einatmen könnten. Mit dabei war der großartige Comedian und Moderator Wigald Boning. Der Plan war, eine begehbare Box zu bauen, in der Helium und Sauerstoff in einem gesunden Verhältnis vorliegen. In diese Kiste sollten Wigald Boning und seine Kollegen schlüpfen. Hier war es praktisch, dass Helium ein so leichtes Gas ist: Wir konnten den Boden der Box einfach weglassen und sie auf Ständern aufstellen, sodass Herr Boning von unten hineintauchen konnte. Das Helium schwebte ja brav oben.

Die Box war ein voller Erfolg! Wigald Boning klang wie Micky Mouse, wir waren zufrieden, der Sender auch – bis Wigald Boning uns ansprach (nach der Sendung, wieder mit normaler Stimme). Sein Handy sei kaputt, seit es in der Box gewesen wäre. Ein iPhone 6, damals neu, sehr ärgerlich.

Wir wunderten uns sehr – waren wir uns doch keiner Schuld bewusst. Helium ist ein Edelgas und extrem reaktionsträge. Es reagiert nicht mit Sauerstoff, brennt nicht und geht auch mit anderen Stoffen keine Verbindungen ein. Zudem: Auch wir waren bei den Proben mit unseren Handys in der Box gewesen, ohne jeglichen Schaden an Menschen oder Geräten. Einer unserer Mitarbeiter hatte sogar ebenfalls ein Apple-Gerät, welches das Bad im Helium unbeschadet überlebt hatte.

Also antworteten wir freundlich, dass wir uns den Schaden nicht erklären könnten. Wir schlossen mit der Sache ab, behielten sie aber als kuriose Anekdote im Hinterkopf. Ein paar Monate später stießen wir zufällig auf einen Bericht über Erik Wooldridge, Systemspezialist im Morris Hospital bei Chicago. Er hatte 2018 gerade ein neues MRT-Gerät im Krankenhaus installiert, als sich Ärzte und Pfleger mit Problemen an ihn wandten: In der Nähe des Geräts gaben Handys reihenweise den Geist auf. Und nicht nur sie, auch Smartwatches waren betroffen. Erik Wooldridges erster, erschrockener Gedanke war, dass das MRT elektromagnetische Strahlung abgab. Das wäre ein riesiges Problem gewesen! Doch in diesem Fall wären ja nicht nur die Handys betroffen gewesen, sondern auch andere medizinische Geräte rund um das MRT. Davon gab es einige, und sie alle erfreuten sich bester Gesundheit.

Wooldridge sah sich die beschädigten Handys an und stellte fest, dass es sich ausnahmslos um Apple-Geräte handelte – Telefone und Uhren, insgesamt 40 Stück. Woran konnte das liegen? Wooldridge postete das Problem im Internetforum »reddit«, wo andere Systemadministratoren schnell die Vermutung äußerten, es könne am Helium liegen, mit dem das MRT gekühlt wurde. Schließlich werden in diesen Geräten mehrere Hundert Liter flüssiges Helium benötigt, um die supraleitenden Magnete zu kühlen. Und tatsächlich! Wooldridge fand ein kleines Helium-Leck. Das klärte allerdings nicht, warum die iPhones so allergisch darauf reagierten. Als er die »Patienten« nebeneinanderlegte, war deutlich sichtbar: Je jünger sie waren, desto schwerer »erkrankten« sie. Alle betroffenen iPhones waren vom Typ 6 und höher, die Apple Watches Typ 0 und höher. Das einzige iPhone 5, das auf der Station noch in Gebrauch war, funktionierte einwandfrei.

An dieser Stelle wurden wir hellhörig. Wir fragten unseren Mitarbeiter, welches Gerät er nutzte: iPhone 5, offenbar gerade alt genug, um das Heliumbad zu überleben, im Gegensatz zu Wigald Bonings neuem Modell. Jetzt fragt es sich natürlich, was anders ist an den neueren Geräten? Was macht sie so allergisch auf Helium?

Warum sterben nur neue iPhones?

Wenn der Deutschlandachter ein Rennen fährt, braucht er starke Ruderer, das ist ja klar. Aber er braucht auch einen Schlagmann, der den Takt angibt. So ein Taktgeber befindet sich im Inneren jedes Computers und auch in Smartphones. Dort heißt der Taktgeber Oszillator. Der Oszillator bekommt kleine elektrische Impulse, durch die er in Schwingung gerät. Der Takt dieser Schwingung gibt die Frequenz der Rechenschritte im Prozessor des Handys vor.

Jetzt stellen Sie sich vor, der Schlagmann des Deutschlandachters besäuft sich vor einem Rennen. Benebelt von den Drogen, gibt er den Takt nicht mehr richtig an: Erst zählt er viel zu schnell, dann lässt er sich nach hinten fallen und schläft tief und fest ein. So gerät der ganze Achter in Unordnung, besonders, wenn der Schlagmann plötzlich doppelt so schnell zählt, sind die Ruderer nach kurzer Zeit erschöpft. So geht es den iPhones, wenn sie Helium ausgesetzt sind.

Warum ist ausgerechnet der Schlagmann der iPhones so leicht zu irritieren? Kurz gesagt: Er ist ein bisschen zartbesaitet. Das liegt an der Art der Oszillatoren, die bei Apple verbaut sind. In den meisten modernen Computern erfüllen kleine Quarzkristalle diese Aufgabe. Das sind kleine Klötze, die sich unter Spannung sehr schnell ausdehnen und wieder schrumpfen. Sie werden mit elektrischen Impulsen zum Schwingen angeregt. Eine tolle Technik, die präzise den Takt halten kann.

Leider haben Quarzkristalle ein paar Nachteile: Sie sind verhältnismäßig dick. Zudem sind sie sehr empfindlich, was Wärme, Kälte, Schmutz, Feuchtigkeit und Erschütterungen angeht. Davor müssen die Kristalle zum Beispiel durch Keramikgehäuse geschützt werden, die wiederum teuer und aufwendig zu produzieren sind. Außerdem wollen wir alle unsere Smartphones ja handlich und flach haben. Wie alle anderen Hersteller ist auch Apple deshalb auf der Suche nach möglichst kleinen Bauteilen.

Gefunden hat Apple MEMS-Chips. Diese Abkürzung steht für den sperrigen Begriff »Mikro-Elektro-Mechanische Systeme«. Es handelt sich um winzige Bauteile (die komplette Seitenlänge beträgt nur einen Millimeter), in denen noch winzigere Lamellen aus Silizium hin und her schwingen. Die Lamellen sind so klein, dass man sie nur mit einem Elektronenmikroskop noch vernünftig sehen kann.

Die MEMS-Oszillatoren haben Quarz gegenüber viele Vorteile. Sie sind genauer, günstiger, widerstandsfähiger und kälteunempfindlicher. Ihre Achillesferse ist aber, Sie ahnen es, Helium. Während einem Quarz-Kristall die Anwesenheit irgendwelcher Gase herzlich egal ist, wandern die Heliumatome bei MEMS-Oszillatoren einfach hinein in den Chip, und zwar erstaunlich schnell. Schon nach vier bis acht Minuten gaben die Telefone in Tests keinen Mucks mehr von sich.

Wasser nein, Helium ja

Die meisten Smartphones mögen wasserdicht sein, aber Gase können trotzdem eindringen, besonders wenn es sich um ein leichtes Gas wie Helium handelt. Der physikalische Vorgang dahinter heißt Diffusion. Einfach gesagt bedeutet Diffusion, dass sich die Teilchen in Gasen oder Flüssigkeiten durchmischen, bis überall gleich viele vorhanden sind. Das ist sehr praktisch, denn auf diese Weise verteilt sich Sauerstoff überall in unserer Atemluft. Ansonsten könnte es vorkommen, dass da, wo ich stehe, reiner Sauerstoff ist, während Sie zwei Meter neben mir nur Stickstoff atmen. Das wäre schlecht.

Die gemischten Teilchen hat 1827 der schottische Botaniker Robert Brown entdeckt, als er unter seinem Mikroskop Blütenstaub beobachtete. Er sah, dass die Staubpartikel sich immerzu bewegten und verteilten. Diese Theorie heißt nach ihrem Entdecker »Brownsche Bewegung«. Albert Einstein setzte darauf auf, als er 1905 seine grundlegende Arbeit zur »molekularkinetischen Theorie« veröffentlichte. Einstein folgerte, dass es in Flüssigkeiten und Gasen winzige, unsichtbare Teilchen geben musste, welche den Blütenstaub hin und her schieben. Die »Brownsche Bewegung« ist also ein Beweis dafür, dass es Atome und Moleküle gibt und dass diese sich ständig bewegen.

Wenn nun Wigald Boning mit seinem neuen iPhone in die Heliumbox steigt, ist rund um das Handy viel Helium und im Oszillator-Chip in seinem Inneren keines. Hier herrscht nämlich normalerweise ein Vakuum (produziert werden diese Komponenten in einer Atmosphäre aus Wasserstoff. Anschließend werden sie bei wenig Wärme gebacken, der Wasserstoff entweicht, und zurück bleibt das Vakuum). Schnell diffundiert nun Helium in den Chip, um das Konzentrationsgefälle auszugleichen.

Das plötzliche Auftauchen des Heliums bringt den Oszillator völlig durcheinander. Die Lamellen schwingen nun nicht mehr im Vakuum, sondern in einem dünnen Gas. Die Frequenz verändert sich. Die Elektronik, die die Schwingung kontrolliert, reagiert konfus. Der Schlagmann des Handys ordnet langsamere Schläge an oder schnellere, und irgendwann gibt er erschöpft auf. In Tests konnte gezeigt werden, dass die Stoppuhr der Smartphones erst schneller läuft, dann langsamer – und dann gar nicht mehr.

Praktisch ist diese Gefahr für die meisten iPhone-Nutzer gering. Denn nur die wenigsten arbeiten in der Nähe einer Heliumquelle. Apples Entscheidung für einen Oszillator aus Silizium ist also nachvollziehbar. Apple geht zudem offensiv damit um und erwähnt das Problem sogar in seinen Gebrauchsanweisungen. Hier wird empfohlen, ein Handy, das ins Helium-Koma gefallen ist, einfach ein paar Tage in Ruhe zu lassen. Nach einer Woche sollte das Helium einfach aus dem Oszillator-Chip hinausdiffundiert sein.

Spaß mit Diffusion

Während Sie als Betroffener darauf warten, dass das Gas aus Ihrem Handy krabbelt, könnten Sie zu Hause ein paar sehr nette Experimente mit Diffusion machen (es ist ja nun viel Zeit frei geworden, in der Sie nicht Nachrichten checken oder Videoclips auf Instagram schauen können). Zum Beispiel kann man mit Diffusion schlappe Möhren wieder knackig machen.

So geht's:
Füllen Sie ein hohes Glas mit Wasser und stellen Sie die Möhren hinein. Verstauen Sie das Glas im Kühlschrank und warten Sie einen Tag (maximal zwei). Dann sind die Möhren wieder knackig.

Hier ist das Gleiche passiert wie mit Wigald Bonings Handy im Helium – nur mit Absicht. Die Möhren waren schon ein wenig vertrocknet. Im Glas war nun viel Wasser um sie herum. Etwas davon ist in die Möhren hineindiffundiert und hat sie wieder knackig gemacht. Wenn die Möhren Wasser aufnehmen, werden sie übrigens etwas dicker. Deshalb sollten Sie das Glas nicht zu klein wählen. Es kann sonst passieren, dass Sie die wieder erfrischten Möhren nicht rausbekommen.

Kochen mit Osmose

Jetzt warten wir leider schon auf zwei Dinge: das Handy und die Möhren. Die Mühlen der Physik mahlen langsam. Rastlos wandern wir durchs Haus, und wie immer, wenn uns langweilig ist, denken wir an Essen. Was könnten wir schnell kochen? Im Keller steht noch ein Glas Würstchen. Wir legen die Würstchen in einen Topf, füllen Wasser dazu und stellen die Herdplatte an. Böser Fehler! Die Würstchen platzen und sehen nicht mehr lecker aus. Danke, Physik!

Denn natürlich haben wir nicht bedacht, dass Diffusion auch beim Kochen eine Rolle spielt – genauer gesagt, eine Erweiterung der Diffusion, die Osmose. Hierbei dringt Wasser durch eine teilweise durchlässige Schicht, die einige Stoffe durchlässt und andere nicht (Wissenschaftler sprechen von einer semipermeablen Membran). Sie können sich diese vorstellen wie ein Sieb, mit dem Kinder im Sandkasten kleine Steinchen aus dem Sand sieben. Oder wie der Kinderdurchgang bei den sehr teuren Toiletten an vielen Autobahnraststätten: Wer größer ist als 1,10 m, passt nicht aufrecht durch das ausgesägte Loch (wobei dieses Beispiel hinkt, weil sich auch größere Kinder hindurchducken können. Das ist für eine sechsköpfige Familie wie unsere nicht unwichtig, da sonst jeder Gang aufs Klo sechs Euro kostet).

Die Pelle unserer Wiener Würstchen ist so eine semipermeable Schicht. Sie lässt Wasser hindurch, Salze aber nicht. In den Würstchen befinden sich viele Salze, im Wasser drum herum nicht. Salz abgeben kann das Würstchen nicht, es kommt ja nicht durch die

Pelle. Deshalb bleibt nur eine Möglichkeit, um das Salz-Konzentrationsgefälle auszugleichen: Das Würstchen muss mehr Wasser aufnehmen. Das tut es auch. Wasser strömt hinein, bis die Pelle platzt. Hätten wir die Würstchen doch bloß direkt im Salzwasser erwärmt, oder in der Einlegeflüssigkeit aus dem Glas. Wenn im Wasser genauso viel Salz ist wie in der Wurstmasse, findet keine Osmose statt.

Bei Würstchen schmeckt man den Unterschied zwischen einem perfekt erwärmten und einem geplatzten möglicherweise nicht, deshalb noch ein Beispiel aus der gehobenen Küche: Tafelspitz! Wenn Sie ein möglichst schmackhaftes Stück Siedefleisch zubereiten möchten, sollte die Kochflüssigkeit möglichst genau den Salzgehalt des Fleisches aufweisen, damit keine Geschmacksstoffe austreten. Genau andersherum ist es, wenn Sie eine Brühe kochen. Hier möchten Sie, dass der Geschmack aus den Knochen ins Wasser gelangt. Darum ist es sinnvoll, das Wasser nicht zu salzen. Anders ist das, wenn Sie Nudeln kochen: Hier sollten Sie das Wasser zu Beginn der Zubereitung salzen, damit die Nudeln nicht ihr weniges Salz abgeben. Grünen Salat sollte Sie dagegen lieber erst direkt vor dem Servieren mit dem Dressing würzen. Er wird matschig, wenn er länger im Dressing liegt, denn er gibt bereitwillig sein Wasser an die salzigsaure Umgebung ab.

Schrumpelhände und Schrumpeleier

Während wir den Würstchentopf abwaschen, betrachten wir unsere Hände im Spülwasser. Die Fingerspitzen sind schrumpelig.

Häufig liest man, auch daran sei die Osmose schuld. Die Theorie: In unserem Körper ist mehr Salz gelöst als im Wasser. Deshalb ströme Wasser in unsere Hautzellen und lasse sie aufquellen, besonders dort, wo Hornhaut ist. Diese Erklärung ist nicht logisch, denn in diesem Fall müsste ja unser ganzer Körper schrumpelig werden, nicht nur die Finger und Zehen. Und eigentlich sehen die Fingerspitzen ja auch nicht aufgequollen aus, sondern eher eingezogen!

Wissenschaftler kamen einer anderen Erklärung auf die Spur, als ihnen auffiel, dass Menschen mit Nervenschädigungen so lange baden können, wie sie wollen, ohne Schrumpelfinger zu bekommen. Es musste also etwas mit den Nerven zu tun haben! Der aktuelle Stand der Erkenntnis ist: Wenn wir längeren Kontakt mit Wasser haben, sorgt das sympathische Nervensystem dafür, dass sich die Blutgefäße an Zehen und Fingerspitzen zusammenziehen. Die Haut wird nach innen gezogen.

Schiff gesunken durch Osmose

Die Menschen, die Osmose am meisten hassen, sind vermutlich Segler. Osmose kann Schiffe versenken, und es ist nicht verwunderlich, dass Segler von ihr sprechen wie von einer schlimmen Krankheit. Ein Schiff hat »Osmose« oder »ist von Osmose befallen«. Konkret geht es um den Rumpf der Schiffe, der unter Wasser liegt. Besonders ältere Schiffe sind häufig aus GFK, glasfaserverstärktem Kunststoff. Hierin ist Harz verarbeitet, das nicht dauerhaft wasserbeständig ist. Darum kommt es vor, dass Wasser in die Wand des Schiffes diffundiert. Dort sammelt es sich in kleinen Hohlräumen, die im Laminat immer vorhanden sind. Das Harz zersetzt sich und bildet eine Säure. Diese zieht – durch ihr Bestreben, sich zu verdünnen – weitere Feuchtigkeit in den Hohlraum. Die Flüssigkeit drückt den Lack des Schiffes (das sogenannte Gelcoat) als Blase nach außen. Wenn diese Blase platzt, ist das Laminat schutzlos dem Meerwasser ausgesetzt. Es geht mehr und mehr kaputt. Wird das nicht bemerkt, sinkt das Boot irgendwann.

Tatsächlich haben solche Schäden schon Todesopfer gefordert – meist bei Schiffen, die über Jahre im Wasser liegen. Segler, die nur im Frühling und Sommer unterwegs sind und ihr Boot im Winter aufs Trockene holen, haben weniger Probleme: Hier besteht wenigstens die Chance, die Osmoseschäden an Land zu erkennen. Wer also auf große Fahrt gehen möchte, sollte sich besser ein moderneres Boot kaufen. Hier werden zumeist andere Harze verwendet, die deutlich wasserfester und resistenter gegen Osmose sind. Muss man auch erst mal wissen.

Wigald Boning hat uns den Unfall mit seinem iPhone inzwischen verziehen. Er hat nicht gewartet, bis das Helium von selbst entwichen ist, sondern ist mit seinem kaputten Handy in einen Apple-Shop gegangen und hat es untersuchen lassen. Diagnose: Wasserschaden. Er bekam ein neues.

Alltags-Störfaktor
Lifehack-Faktor
Katastrophenpotenzial

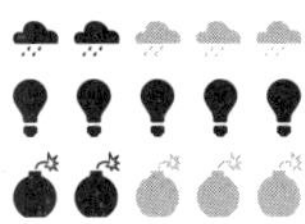

Das leuchtet so schön!

Wir sind ständig radioaktiver Strahlung ausgesetzt, wir essen sogar radioaktiv belastete Lebensmittel. Aber ist das gefährlich?

Eigentlich erzählen wir diese Geschichte sehr ungern – aber wenn sie irgendwo erzählt werden muss, dann in einem Kapitel über Radioaktivität. Schließlich geht es um einen Atomunfall, und zwar um einen selbst verursachten.

Es geschah an einem Labortag am Ende des Studiums. Vorlesungen, Übungen und Praktika waren bestanden, jetzt fehlte nur noch die Abschlussarbeit. Marcus' Thema: Medizinphysik und die Frage, ob radioaktive Implantate Tumore im Auge bekämpfen können. Hauptbestandteil dieses Experiments waren Gamma-Seeds – kleine, strahlende Kapseln, ungefähr so groß wie ein Reiskorn. Sie bestehen aus einer Titanhülle, in die radioaktive Iod-125-Kügelchen eingearbeitet sind. Beim Zerfall von Iod-125 entsteht Gammastrahlung, die im menschlichen Körper heftige Schäden verursachen kann.

Um die Strahlung zu messen, müssen diese radioaktiven Reiskörner im Labor auf einen Kunststoffblock geklebt werden – natürlich unter strengen Sicherheitsvorkehrungen, die das Ganze zu einer Art Geschicklichkeitsspiel machten: Zwischen Marcus und der Arbeitsfläche war eine rund 40 Zentimeter hohe Mauer aus Bleiziegeln aufgebaut, darauf lag eine Bleiglasscheibe als schräges Dach. Um diese Scheibe musste Marcus herumgreifen – natürlich nicht mit bloßen Händen, sondern mit dicken Bleihandschuhen, mit denen er zwei lange Pinzetten hielt. Sie können sich das vorstellen wie beim Kindergeburtstag, wenn man mit dicken Handschuhen, Schal und Mütze mit Messer und Gabel eine Tafel Schokolade auswickelt. Schokoladenwettessen mit Radioaktivität.

Und wie beim Schokoladenwettessen verliert man irgendwann – in diesem Fall ein radioaktives Reiskorn. Es flutschte einfach von der Pinzette, klick, weg war es. Das war, ohne Übertreibung, wohl der schlimmste Moment des ganzen Physikstudiums.

Denn wie findet man ein millimetergroßes, unscheinbar silbernes Teilchen, wenn man eine Schutzbrille trägt und sich über Bleiwände beugen muss? Einfach suchen schien aussichtslos. Nach einigen Schockminuten meldete sich glücklicherweise das logische Denken zurück: Was tun radioaktive Stoffe? Sie strahlen! Marcus holte einen Geigerzähler und bewegte ihn langsam über die Arbeitsfläche. Und tatsächlich: In einer Ecke zeigte das Gerät deutlich mehr Radioaktivität an als in den anderen. Und dort, ganz am Rand der Arbeitsfläche, lag die verlorene Titankapsel!

Wenn Sie nun denken: Gott sei Dank habe ich nicht Physik studiert, da muss ich mich mit radioaktiver Strahlung nicht herumschlagen, müssen wir Sie enttäuschen. Radioaktive Strahlung ist ein Teil unserer Umwelt, und wir alle sind ihr ausgesetzt – wenn wir über Kopfsteinpflaster gehen, in den Urlaub fliegen oder Bananen essen. Jawohl, Bananen. Die enthalten nicht nur radioaktives Kalium, sondern außerdem auch noch Alkohol, und wir fragen uns langsam, warum sie nach Äpfeln das beliebteste Obst der Deutschen sind (oder vielleicht gerade deshalb?).

Warum enthält die Banane radioaktives Material und der Apfel nicht? Das hat mit den Atomkernen zu tun, die in den beiden Obstsorten enthalten sind (die Atomkerne, nicht die Apfelkerne!). Die Kerne der allermeisten Atome, die uns umgeben, sind stabil. Sie bleiben, wie sie sind, egal ob sie in der Luft herumschwirren, in einer Handybatterie stecken oder eben in einem Apfel. Diesen stabilen Atomkernen ist egal, welche chemische Verbindung das ganze Atom eingeht.

Bestimmte Arten von Atomkernen haben aber die Eigenschaft, spontan zu zerfallen. Dann werden sie Radionuklide (= Radio-»Kerne«) genannt. Beim Zerfall entstehen sehr energiereiche Strahlen oder Teilchen, die sich mit hoher Geschwindigkeit ausbreiten. Diese **ionisierende Strahlung** ist in der Lage, anderen Atomen oder Molekülen Elektronen zu entreißen oder sie chemisch zu verändern. Dabei gibt es mehrere Eskalationsstufen, je nachdem, wie viel Power die Strahlung hat und wie viel Schaden sie anrichten kann.

1. *Alphastrahlung* entsteht zum Beispiel durch den Zerfall des Gases Radon, das in der Luft vorkommt. Dabei entstehen doppelt positiv geladene Heliumkerne, die keine große Reichweite in der Luft haben. Ein Blatt Papier genügt, um sich vor ihnen zu schützen. Alphastrahlung ist deshalb für uns Menschen verhältnismäßig wenig gefährlich, es sei denn, die radioaktive Substanz wird eingeatmet oder gelangt auf andere Art direkt in den Körper.
2. *Betastrahlung*: Wenn natürlich vorkommendes Kalium 40 in Kalzium 40 zerfällt, entweicht aus dem Atomkern ein Elektron. Es hat eine deutlich größere Reichweite als die Helium-Kerne, erstens, weil es viel kleiner ist, und zweitens, weil sich das Elektron anfangs fast mit Lichtgeschwindigkeit bewegt. Um sich vor Beta-Strahlung zu schützen, braucht man härtere Geschütze als Papier. Kapseln aus Metall, am besten Blei, sind da eher angesagt.
3. *Gammastrahlung* ist eine elektromagnetische Strahlung. Sie ist sozusagen die große Schwester des UV-Lichts, nur dass ihre Wellenlänge noch viel kürzer ist und die Strahlung viel mehr Energie besitzt. Gammastrahlung ist die ionisierende Strahlung mit der höchsten Reichweite. Beim radioaktiven Zerfall entsteht sie, wenn ein angeregter Atomkern seinen Zustand ändert und dabei Energie abgibt. Mit dieser Strahlung arbeiteten wir im Labor, als das radioaktive Reiskorn verloren ging.

Besonders Gammastrahlung dringt leicht durch die meisten Stoffe, unter anderem den menschlichen Körper. Darum können wir uns röntgen lassen, wenn wir uns ein Bein gebrochen haben (in einem Röntgengerät wird die Gammastrahlung allerdings mithilfe von Hochspannung erzeugt, deshalb braucht man darin kein radioaktives Material).

Heute wissen wir, dass man mit Röntgenstrahlung möglichst sparsam umgehen sollte. Als wir Kinder waren, war das noch ein bisschen anders. Beim Schuhekaufen zum Beispiel ließen wir immer unsere Füße röntgen, um herauszufinden, ob die Schuhe passen. Klingt unglaublich? War aber so: In einigen Schuhgeschäften (zum Beispiel im Schuhladen Rosche im niedersächsischen Schüttorf) stand in den 70er-Jahren eine mit Holz verkleidete Kiste, vor die man sich stellte und seine Fußspitzen hineinsteckte.

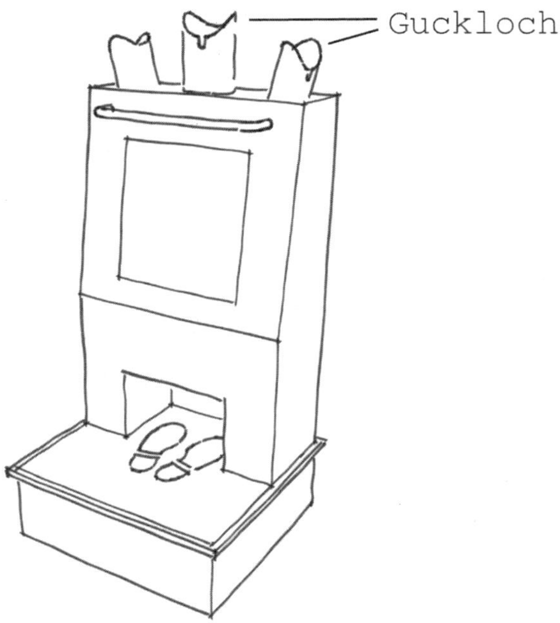

Von oben konnte man dann in diese Kiste hineinspähen und sah ein physikalisches Wunder: Das Röntgenbild unserer Füße. Live. Von unten wurde nämlich Röntgenlicht, also Gammastrahlung, durch die Füße geschickt und direkt oberhalb der Füße auf eine Art Fernsehbildschirm gestrahlt. Auf dieser grünlich leuchtenden Glasplatte wurde sichtbar, wie die Füße denn so in den neuen Schuhen stecken und ob wir noch mit unseren Zehen wackeln konnten. Klar, dass wir als Kinder immer sehr viele Schuhpaare anprobiert haben. Unsere Füße haben damals einiges an Strahlung abbekommen – und wir denken heute mit Schaudern an die Schuhverkäuferinnen, die ohne jegliche Schutzkleidung den ganzen Tag neben dem Apparat standen und Kunden berieten. Damals jedoch: mega!

Auch ohne Füße zu röntgen, sind wir regelmäßig ionisierender Strahlung ausgesetzt. Sie befindet sich in der Luft, in Gesteinen, im Essen und kommt sogar vom Himmel! Obwohl die Quellen so vielfältig sind, lässt sich doch, der Physik sei Dank, alles miteinander vergleichen. So wird die Größe der Strahlenbelastung in der Einheit Sievert gemessen. Und in dieser Einheit wird auch ein extrem wichtiger Wert angegeben, den wir Ihnen nun verraten. Diesen Wert kann man zurate ziehen, um die Gefährlichkeit verschiedenster Strahlungsquellen einzuordnen. Es ist die *durchschnittliche natürliche Strahlenbelastung* durch ionisierende Strahlung in Deutschland: **2,1 mSv pro Jahr**. »Natürlich« – damit ist gemeint, dass gerade kein Reaktorunfall in Tschernobyl passiert ist und dass Sie sich nicht röntgen lassen. All das käme noch obendrauf.

Woher kommt die natürliche ionisierende Strahlung? Etwa zur Hälfte aus der Luft, wo sich das radioaktive Gas Radon befindet. Der Rest teilt sich auf in terrestrische Strahlung durch verschiedene Mineralien, radioaktive Stoffe in unserer Nahrung und kosmische Strahlung.

Die Strahlendosis von 2,1 mSv pro Jahr ist deshalb natürlich nur ein Mittelwert. Je nachdem wie und wo Sie leben, gibt es große Schwankungen. Im Süden Deutschlands ist die Radonkonzentration zum Beispiel um ein Vielfaches höher als im hohen Norden, was an den unterschiedlichen Gesteinen liegt, aus denen das Gas an die Oberfläche gelangt. Wenn Sie Ihren Fußboden komplett mit Granitplatten verschönern, werden Sie sich auch eine leicht höhere Strahlenbelastung ins Haus holen, denn Granit enthält mehrere Radionuklide, unter anderem einen winzigen Anteil Uran. Wenn Sie Paranüsse lieben, dann nehmen Sie das wichtige Spurenelement Selen auf, allerdings auch einige Radionuklide. Wenn Sie hoch oben in den Bergen leben, bekommen Sie mehr kosmische Strahlung ab, als wenn Sie auf einem Nordseedeich stehen.

Wir haben einige Strahlungsquellen mal in eine Tabelle gefasst, so ähnlich wie eine Kalorientabelle für Radioaktivität:

Strahlungsquelle	**Jahresdosis in mSv pro Jahr**
Radon	1,1
terrestrische Strahlung	0,4
Nahrung	0,3
kosmische Strahlung	0,3
Summe natürliche Strahlung	**2,1**[23]

Ereignis	**Dosis in mSv pro Ereignis**
Verzehr einer Banane	0,0001
Eine Stunde auf Kopfsteinpflaster laufen	0,0002

23 Bundesministerium für Umwelt, Naturschutz und nukleare Sicherheit (BMU), Umweltradioaktivität und Strahlenbelastung, Jahresbericht 2018.

Ereignis	Dosis in mSv pro Ereignis
Verzehr einer Paranuss	0,0004
Röntgenaufnahme Arm	0,005
Röntgenaufnahme Lunge	0,02
Computertomografie Körperrumpf	8
Röntgenaufnahmen beim Eingriff zur Erweiterung von Herzkranzgefäßen	15–20
Flüge Frankfurt–New York und zurück	0,1
½ Jahr Aufenthalt auf der ISS	120
Grenzwert für medizinisches Personal pro Jahr	20

Wie Sie sehen, lässt sich die ionisierende Strahlung von Bananen tatsächlich messen. Eine Banane entspricht 0,1 Mikrosievert. Das ist ein 21-Tausendstel der durchschnittlichen Jahresdosis. Angeblich haben in einem US-amerikanischen Hafen schon mal die Detektoren angeschlagen, als eine Schiffsladung Bananen ankam.

Wenn Sie sich jetzt fragen, wie viele Bananen Sie essen dürfen, ohne Krebs zu bekommen, ist die gute Nachricht: so viele, wie Sie möchten! Denn das radioaktive Kalium bleibt nicht im Körper, sondern wird ausgeschieden. Wissenschaftler haben trotzdem (vielleicht aus Spaß) den Begriff »Bananenäquivalentdosis« eingeführt. Mit dem Bananenäquivalent (= 0,1 MikroSievert) können wir andere radioaktive Quellen im Alltag vergleichen. Eine Stunde auf Kopfsteinpflaster laufen: zwei Bananen, denn Kopfsteinpflaster besteht aus Granit. Nach Amerika fliegen: bis zu 1.000 Bananen.

Danke, kosmische Strahlung

Rund 3.000 Bananen kommen jedes Jahr aus dem All zu uns, in Form von kosmischer Strahlung. Klingt nach Superhelden, doch hinter dem Begriff verbirgt sich ein Strom aus Protonen und Helium-Kernen, den Alpha-Teilchen. Wenn diese Teilchen mit der Erdatmosphäre in Kontakt kommen, kollidieren Sie mit Luftmolekülen und beschleunigen diese. So entstehen ganze Schauer weiterer Teilchen, die aber nur zu einem kleinen Teil die Erdoberfläche erreichen. Der Rest schwirrt weiter im All herum. An Bord der ISS ist die kosmische Strahlung deshalb 800-mal stärker als auf dem Boden.

Obwohl die kosmische Strahlung im Alltag nur eine kleine Rolle spielt, sollten wir ihr dankbar sein. Wissenschaftler vermuten, dass sie einen Beitrag zur Entstehung des Lebens auf der Erde geleistet haben könnte. Damit komplexe chemische Verbindungen entstehen können, braucht es Energie und ein gewisses Chaos, zu dem die Strahlung aus dem Weltall möglicherweise beigetragen hat.

Auch in niedrigeren Schichten unserer Atmosphäre sorgt die kosmische Strahlung noch für das Auftreten elektrisch geladener Teilchen. Die greifen bei Gewittern ins Geschehen ein. Die hohen Spannungen in Gewitterwolken können sich nämlich nur entladen, wenn es genügend bewegliche Ladungen gibt: Voilà! Da auch Blitzen eine Rolle bei der Evolution des irdischen Lebens zugesprochen wird, zeigt sich einmal mehr, dass kosmische Strahlung ziemlich cool ist.

Gefährlich? Ja – aber!

Ist die natürliche radioaktive Strahlung nun für uns gefährlich? Kurz gefasst: Ein »Ja«, versehen mit einem dicken »ABER«. Zunächst zum »Ja«: Die Gefahr, die von ionisierender Strahlung ausgeht, ist, dass sie Moleküle verändert. Trifft die Strahlung eine Körperzelle, ist es möglich, dass diese Zelle stirbt, sich nicht mehr vermehren kann oder ihr Erbgut verändert wird. In letzterem Falle kann daraus unter Umständen eine Krebserkrankung oder Leukämie entstehen. Dafür reicht theoretisch ein einzelnes Teilchen schon aus, das uns ungünstig trifft.

Jetzt aber schnell zum »ABER«. Die Wahrscheinlichkeit einer gefährlichen Erbgutveränderung ist sehr, sehr klein. Die aus der natürlichen ionisierenden Strahlung resultierende zusätzliche Sterblichkeit ist sehr schwierig zu beziffern, weil man bei Krebserkrankungen im Nachhinein prinzipiell nicht feststellen kann, ob sie durch chemische Einflüsse, Viren, Strahlung oder ohne äußere Einflüsse entstanden sind. Außerdem spielen Alter, Geschlecht und das betroffene Organ eine große Rolle.

So offensichtlich, wie beispielsweise Vielfliegen das Krebsrisiko erhöhen könnte, so schwierig ist es, das nachzuweisen. Zwar gibt es eine Studie, die ein erhöhtes Risiko bei Flugpersonal festgestellt hat,[24] allerdings könnte es auch sein, dass der unregelmäßige Schlafrhythmus und Chemikalien in der Fluggastkabine ihren Teil zur Statistik beigetragen haben. Das ist immer das Problem bei ionisierender Strahlung: die Statistik. Ein Flug zum Mars würde für eine Astronautin oder einen Astronauten ziemlich viel Strahlung bedeuten. Das damit einhergehende Krebsrisiko ist aber immer noch geringer als das eines Kettenrauchers, an seiner Sucht zu sterben.

Wegen all dieser Schwierigkeiten lassen sich die Folgen von schwacher und über einen langen Zeitraum wirkender ionisierender

---

24 Cancer prevalence among flight attendants compared to the general population. Eileen McNeely, Irina Mordukhovich, Steven Staffa, Samuel Tideman, Sara Gale & Brent Coull, Environmental Health volume 17, Article number: 49 (2018).

Strahlung nur grob abschätzen.[25] Die meisten Daten stammen dabei von Überlebenden der Atombombenabwürfe in Nagasaki und Hiroshima, Beobachtungen bei Strahlenuntersuchungen und -behandlungen und bei Menschen, die beruflich mit Strahlung zu tun haben. Daraus lässt sich näherungsweise errechnen, dass die natürliche ionisierende Strahlung für etwa 3–4 Prozent der 230.000 jährlichen Sterbefälle durch Krebs in Deutschland verantwortlich ist.

Noch einmal: Diesem Risiko sind wir natürlicherweise ausgesetzt, ob wir wollen oder nicht. Und es ist sehr gering. Aber die Höhe der natürlichen Strahlungsdosis ist ein guter Wert, um zu entscheiden, wie viel zusätzlicher Strahlung man sich aussetzen möchte.

Selbst gemachte Radioaktivität

Von schrecklichen Atomunfällen wie in Fukushima abgesehen, widerfuhren Menschen besonders dann schlimme Strahlenschäden, wenn sie nicht wussten, dass sie erhöhter radioaktiver Strahlung ausgesetzt waren. Die Röntgenstrahlung und erste radioaktive Elemente wurden erst Ende des 19. Jahrhunderts durch Henri Becquerel sowie Marie und Pierre Curie entdeckt, doch Strahlenschäden gab es schon viel früher. Der berühmte Arzt Paracelsus beschrieb schon im 16. Jahrhundert die Schneeberger Krankheit, eine bestimmte Art des Lungenkrebses, die vor allem bei Bergleuten vorkam. Sie förderten verschiedenste Erze zutage. Auch darunter: das damals noch unbekannte Uran.

---

25 Recommendations of the International Commission on Radiological Protection. ICRP Publication 60. International Commission on Radiation Protection, Oxford, England: Pergamon Press.

Was macht die Strahlung mit uns?

Tötet ionisierende Strahlung Zellen ab? Meistens nicht direkt. Es ist vielmehr so, dass sie ihrem Namen gerecht wird und das Wasser oder andere Bestandteile in den Zellen ionisiert. Es bilden sich Radikale, also geladene Molekülstückchen, die verschiedenste Veränderungen in der Zelle bewirken können. Im schlimmsten, aber unwahrscheinlichsten Falle werden beide Stränge der DNA durchtrennt und diese dadurch zerstört. Wenn nicht zu viele Radikale in einer Zelle entstehen, schafft es der Körper fast immer, die Schäden selbst zu reparieren. Gelingt es ihm nicht, kann die Zelle sich entweder nicht mehr teilen und steuert in den Zelltod, oder sie mutiert. Im letzteren Fall kann daraus ein Tumor entstehen. Dort, wo sich die Zellen im Körper am schnellsten vermehren, z. B. in der Magenschleimhaut, ist deshalb auch das Krebsrisiko durch Strahlung am größten.

Glücklicherweise erholen viele Krebszellen sich selbst nur schwer von Strahlung. Genau das machen sich Ärzte zunutze, wenn sie Tumore bestrahlen. Die Kunst liegt darin, dem betroffenen Gewebe eine so hohe Dosis zu verpassen, dass die gesunden Zellen die Reparatur einigermaßen hinbekommen, die Tumorzellen aber so gerade eben nicht. So kann es gelingen, den Tumor zu töten. Das gesunde Gewebe trägt zwar auch Schäden davon, diese zeigen sich aber erst später – und in der gewonnenen Zeit kann der Patient noch zufrieden leben.

Aktuell sehr weitverbreitet sind spezielle Röntgengeräte, die hochenergetisches Röntgenlicht für die Bestrahlung erzeugen und stark beschleunigte Elektronen. Früher kamen auch radioaktive Stoffe zum Einsatz, deren Strahlung man einfach nur genügend lange auf die zu behandelnde Stelle richten musste. Mit diesen Strahlungsquellen musste dann natürlich besonders sorgsam umgegangen werden. Denn sie waren auch dann noch sehr gefährlich, wenn sie schon lange nicht mehr im Einsatz waren.

1987 (als die Röntgengeräte in Schuhläden sicherlich schon wieder abgebaut worden waren) hörten zwei Schrottsammler in der brasilianischen Stadt Goiânia Gerüchte, dass auf dem Gelände einer stillgelegten Klinik wertvolles Equipment zurückgelassen worden sei. Sie durchsuchten das Gelände und fanden ein ausrangiertes Bestrahlungsgerät, das sie mit einfachen Werkzeugen auseinanderbauten. Heraus nahmen sie einen Metallzylinder, der ihnen wertvoll erschien. In einer Schubkarre transportierten sie ihn nach Hause und legten ihn unter einen Mangobaum im Garten.

Schon nach ein bis zwei Tagen fühlten die beiden sich nicht gut. Ihnen war übel, und sie waren sehr schlapp. Ärzte diagnostizierten eine allergische Reaktion auf verdorbenes Essen. Den Metallzylinder verkauften die beiden Schrottsammler an einen befreundeten Alteisenhändler.

Der bemerkte ein »hübsches, blaues Licht« aus dem Zylinder. Er brach den Zylinder mit Hammer und Brecheisen auf und legte einen leuchtenden Stein frei, den er mit ins Haus nahm. Das Metall verkaufte er, unter anderem an einen Farmer und eine Druckerei. Niemand von ihnen ahnte: Was die Schrottsammler gefunden hatten, war hochgradig radioaktives Cäsium-137, ein Beta-Strahler, der zur Behandlung von Tumoren eingesetzt worden war.

Tagelang wurde das Cäsium nichts ahnend herumgereicht, begutachtet und angefasst, ein kleines Mädchen rieb sich mit dem leuchtenden Pulver die Arme ein. Alle wurden krank oder starben. Trotzdem dauerte es zwei Wochen, bis die Frau eines Betroffenen den Metallzylinder verdächtigte. Gemeinsam mit einem Bekannten brachte sie ihn zu einem Arzt (im Bus, in einer Schultertasche). Auch dort lag er einige Zeit, bis der Arzt sich entschloss, Rücksprache mit einem Kollegen zu halten, der sich mit radioaktivem Material auskannte. Zusammen alarmierten sie die Behörden – und kamen gerade noch rechtzeitig zurück zum Haus des Arztes, um die Feuerwehr davon abzuhalten, den radioaktiven Zylinder in einen Fluss zu werfen.

Der Unfall hatte schreckliche Folgen für die Menschen in Goiânia. Hunderte wurden verstrahlt, mehrere starben, noch heute sind in der Gegend erhöhte Strahlendosen messbar.

Das ist das Problem an radioaktiver Strahlung: Es darf nichts schiefgehen. Und wenn es das doch tut, dann geht es gleich richtig schief. Besonders Cäsium verzeiht keine Fehler, denn es ist chemisch sehr reaktiv und geht daher sehr leicht Verbindungen mit allen möglichen Stoffen ein. Schon durch die verhältnismäßig kleine Menge an radioaktivem Cäsium, die in Goiânia freigesetzt wurde, wurden 85 Häuser kontaminiert. Mehrere mussten abgerissen werden. Insgesamt entstanden 3.500 m^3 radioaktiv belasteter Abfall, das sind etwa 1.000 Lastwagen voll. All dieser Müll muss für 180 Jahre sicher gelagert werden. So lange dauert es, bis die Strahlung, die von dem Müll ausgeht, so schwach ist, dass sie als unbedenklich bezeichnet werden kann.

Radioaktive Stoffe hören nämlich im Prinzip niemals auf zu strahlen. Schauen wir uns doch mal ein einzelnes Cäsium-137-Atom an. Es ist nicht stabil, was bedeutet, dass es irgendwann zerfallen wird. Wie groß diese Wahrscheinlichkeit ist, kann durch die Halbwertszeit angegeben werden. Bei Cäsium-137 beträgt sie 30,17 Jahre. Für unser Cäsium-Atom heißt das, dass die Wahrscheinlichkeit, dass es innerhalb von 30,17 Jahren in das stabile und harmlose Barium-137 zerfällt und dabei ein Elektron durch die Gegend schießt, genau 50 Prozent beträgt. Vielleicht tut es das aber auch nicht. Und dann geht es wieder von vorne los. Sie wissen selbst, dass man manchmal sehr lange würfeln muss, bis man bei »Mensch ärgere dich nicht« raussetzen darf. Hier würfelt der liebe Gott, wenn man so will, und zwar mit sehr vielen Würfeln, die gleichzeitig eine Sechs zeigen müssen. Auf unseren mit Cäsium-137 gefüllten Zylinder bedeutet dies: Nach 30,17 Jahren ist rechnerisch die Hälfte des Cäsiums zerfallen, die andere Hälfte ist aber noch da. Nach weiteren 30,17 Jahren ist noch ein Viertel davon da und so weiter. Alle 30,17 Jahre halbiert sich also der Anteil an Cäsium-137. Richtig harmlos ist der Stoff erst, wenn seine Strahlung so stark abgeklungen ist, dass sie sich im Bereich der natürlichen Radioaktivität bewegt.

Für einen radioaktiven Stoff sind 30,17 Jahre noch nicht einmal besonders lang. Jod-129 hat eine Halbwertszeit von 17 Millionen Jahren, bis es zerfallen ist. Das macht die Suche nach einem wirklich guten Endlager für Atommüll so schwierig. Gesucht wird nach einem Ort, an dem der Atommüll eine Million Jahre lagern kann. Diese Zeit können wir Menschen uns kaum vorstellen.

Aus einigen Bereichen ist Radioaktivität trotz dieser Gefahren nicht wegzudenken. Einer davon ist die Raumfahrt. Der Mars-Rover Perseverance, der unseren Nachbarplaneten erforscht, ist mit Radionuklidbatterien ausgestattet. Das sind Batterien, in denen Plutonium zerfällt. Hierbei wird viel Wärme erzeugt, die wiederum mit einem Thermoelement in Strom umgewandelt wird. Anders ließe sich eine Energieversorgung über lange Zeit kaum sicherstellen.

Und dann gibt es noch die Menschen, die sich freiwillig ein bisschen ionisierende Strahlung ans Bein binden – oder an die Hand. In Uhren zum Beispiel. Es gibt Uhren, in denen ein schwach radioaktiver Stoff langsam zerfällt. Dabei entsteht Alpha- oder Betastrahlung. Diese regt einen anderen, fluoreszierenden Stoff an, sodass die Uhr dauerhaft leuchtet. Ohne Batterien. Das ist erst mal kein Problem, solange die Strahlung in der Uhr bleibt. Das tut sie auch größtenteils. Schwierig ist aber die sogenannte Bremsstrahlung. Wenn schnelle Elektronen an Atomkernen vorbeifliegen, werden sie sehr stark abgelenkt. Dabei entsteht Strahlung, und die kann entweichen und die Träger der Uhr treffen. Diese Bremsstrahlung ist aber in einer Uhr sehr gering: 0,02 Millisievert pro Jahr, also ein Hundertstel dessen, was man sowieso abkriegt. Um es in Bananen auszudrücken: schlappe 200 Stück.

Alltags-Störfaktor
Lifehack-Faktor
Katastrophenpotenzial

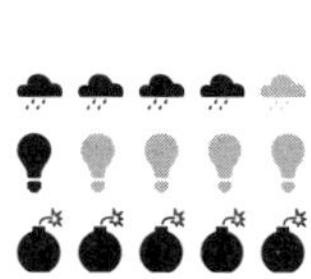

Für Klugschnacker – leuchten radioaktive Stoffe wirklich?

Wer Homer Simpson kennt, die Hauptfigur der Zeichentrickserie, der im Springfielder Kernkraftwerk arbeitet, weiß, dass radioaktive Stoffe hellgrün leuchten. Leider ist Homer nicht sehr klug. Sonst wüsste er, dass das grüne Leuchten fast immer von einer radioaktiven Leuchtfarbe ausgeht. Solch eine Farbe wird auf den Zifferblättern mancher Armbanduhren verwendet (s. o.) – aber nicht in Kernreaktoren.

Kernreaktoren leuchten blau

Was bei dem Comic-Helden eigentlich zu sehen sein müsste, ist das geisterhaft wirkende blaue Leuchten von Kernbrennstäben im wassergefüllten Reaktorbecken. Das gibt es nämlich wirklich. Es entsteht durch den sogenannten *Tscherenkow-Effekt*. Der tritt immer auf, wenn sich ein geladenes Teilchen in einem nicht leitfähigen Medium schneller bewegt, als das Licht es im selben Medium tut.

Zum Beispiel in Wasser: Hier wird das Licht immer wieder an Wasserteilchen gestreut, deshalb breitet es sich in der Summe 25 Prozent langsamer aus als im Vakuum. Das ist zwar immer noch sehr schnell. Aber die Elektronen, die aus dem Kernreaktor entweichen, sind noch schneller. Tatsächlich sind sie fast so schnell, wie das Licht im Vakuum wäre: fast 300.000 km/s.

Wenn die Elektronen nun in dieser wahnwitzigen Geschwindigkeit durchs Wasser rasen, verschieben sie kurzzeitig die elektrischen Ladungen im Wasser. Diese Ladungsverschiebung erzeugt eine schwache elektromagnetische Strahlung, die sich in alle Richtungen ausbreitet. Diese elektromagnetischen Wellen überlagern sich zu einer kegelförmigen Wellenfront, die das Elektron hinter sich herzieht. Dies ist die Tscherenkow-Strahlung.

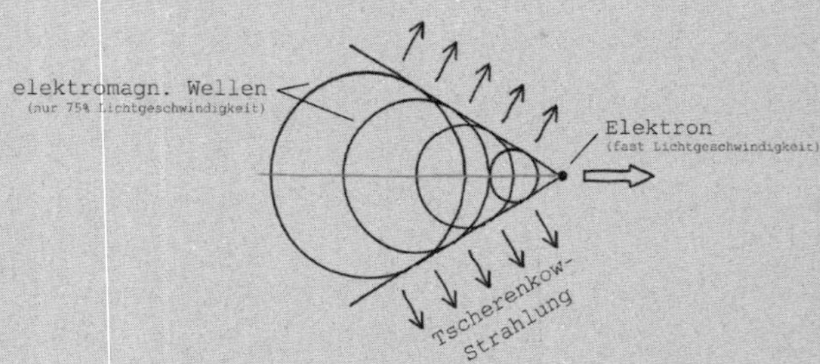

Die Wellenfront erinnert ein wenig an die v-förmige Bugwelle einer Ente oder eines Schiffes. In der Tscherenkow-Strahlung sind kürzere Wellenlängen stärker vertreten als längere, daher leuchtet sie bläulich.

Auch bei dem oben beschriebenen Atomunfall in Goiânia beschrieben Zeugen, dass das radioaktive Material bläulich geleuchtet habe. Vermutlich hat dazu auch der Tscherenkow-Effekt beigetragen, denn beim Zerfall von Cäsium-137 entstehen schnelle Elektronen. Der Stoff selbst ist durchsichtig, und das Licht bewegt sich in ihm zwei Fünftel langsamer als im Vakuum.

Weil sich das Tscherenkow-Licht weit ausbreitet, eignet es sich besonders gut, wenn man seltene, sehr energiereiche Elementarteilchen beobachten möchte. Im Eis der Antarktis hat man für das IceCube genannte Experiment 5.160 Lichtsensoren tief ins Eis eingelassen. Damit kann man kosmische Neutrinos nachweisen, die Lichtblitze hervorrufen. Auch die sind blau. Nicht grün.

Knallende Krebse und sinkende Schiffe

Wie Kavitation auf den Meeren stört und in der Küche hilft

Die »HMS Daring« sollte das schnellste Schiff der Welt werden. Die britische Royal Navy hatte dem Zerstörer eine extra große Schraube eingebaut und drei Dampfkessel. Damals, 1893, war das Hightech. Vorn am Bug war extra ein großer Torpedo angebracht, um die Feinde sofort zur Strecke zu bringen.

So weit die Theorie. In der Praxis wühlte die extra große Schraube zwar auf Hochtouren, das Boot fuhr aber nur langsam daher. Egal, wie stark man die Maschine hochfuhr: Das Superschiff schlich übers Meer. Die Ingenieure suchten lange vergeblich nach der Ursache, bis sie schließlich unter dem Rumpf nachschauten. Dort sah es aus wie in einem Whirlpool. Rund um die Schraube wirbelten Unmengen von Blasen. Das kam den Ingenieuren merkwürdig vor: Woher stammten diese Blasen? Die Schiffsschraube befand sich doch unter Wasser, abgeschlossen von der Luft.

Die britischen Schiffsbauer waren auf ein physikalisches Phänomen gestoßen, das sie extrem nervte – aber auch sehr spannend ist: die Kavitation. Das Wort kommt aus dem Lateinischen und bedeutet »Hohlraum«. Und solche Hohlräume hinderten das »schnellste Schiff der Welt« daran, das schnellste Schiff der Welt zu sein.

Mit der Kavitation ist es so: Immer, wenn Gegenstände schnell durch eine Flüssigkeit gleiten, entsteht hinter ihnen ein Unterdruck. Vielleicht kennen Sie das Gefühl, wenn Sie nah an einer Straße stehen und ein Lastwagen rauscht ganz nah vorbei (abgesehen davon, dass man sich furchtbar erschreckt)? Man wird von einem Sog erfasst. Das liegt daran, dass die Luft extrem schnell hinter dem Lkw herströmt. Dadurch ist hinter ihm für einen winzigen Moment zu wenig Luft. Wo wenig Luft ist, ist auch wenig Luftdruck: Der Druck ist an dieser Stelle geringer, und um das auszugleichen, strömt aus der Umgebung sehr schnell Luft nach.

Das Gleiche passiert, wenn die Schiffsschraube durch das Wasser schneidet – nur, dass keine Luft strömt, sondern Wasser. Die Blätter der Schraube erzeugen einen kräftigen Sog. Es entstehen sehr schnelle Strömungen, und hinter der Schraube sinkt der Druck.

Und so bilden sich die seltsamen Blasen, in denen die Schraube der HMS Daring so kräftezehrend herumwühlte: Es handelt sich um Wasserdampf. Blasen aus kochendem Wasser! Das klingt erst mal unglaublich, denn natürlich ist das Wasser im Meer kalt. Allerdings ist der Druck hinter der Schiffsschraube stark gesunken – und vom Umgebungsdruck hängt ab, bei welcher Temperatur Wasser kocht.

Der normale Luftdruck auf der Erde beträgt 1.013 mbar. Bei diesem Druck siedet Wasser, wie wir alle wissen, bei 100 Grad Celsius. Senken wir den Druck, sinkt auch die Siedetemperatur. Auf dem Mount Everest beträgt der Luftdruck nur 325 mbar – und Wasser siedet schon bei 70 Grad Celsius. Zahlreiche physikalische Publikationen beschäftigen sich mit Fragen wie »Warum man auf dem Mount Everest keine Eier kochen kann«. Eben, weil das Wasser zwar blubbert und siedet, die Temperatur aber zum Garen nicht ausreicht. Sollten Sie also einmal den Mount Everest besteigen wollen, bringen Sie sich Ihr Frühstück besser aus dem Basislager mit. Getränke müssen Sie nicht unbedingt schleppen: Für einen grünen Tee reicht die Siedetemperatur des Wassers dort oben noch.

Sie können diesen Effekt selbst beobachten, wenn Sie sich aus der Apotheke eine Spritze besorgen und folgendes Experiment machen:

Sie brauchen:

- eine Einwegspritze, gern etwas dicker und mit Verschluss für die Öffnung
- lauwarmes Wasser

So geht's:
Ziehen Sie die Spritze zu etwa einem Drittel voll mit lauwarmem Wasser.

Verschließen Sie die Öffnung mit einer Kappe (wenn Sie keine haben, funktioniert auch Knete oder Ihr Finger).

Nun ziehen Sie den Stopfen der Spritze kräftig nach unten, als wollten Sie mehr Flüssigkeit in die Spritze ziehen. So erzeugen Sie in der Spritze einen Unterdruck. Das Wasser beginnt zu kochen.

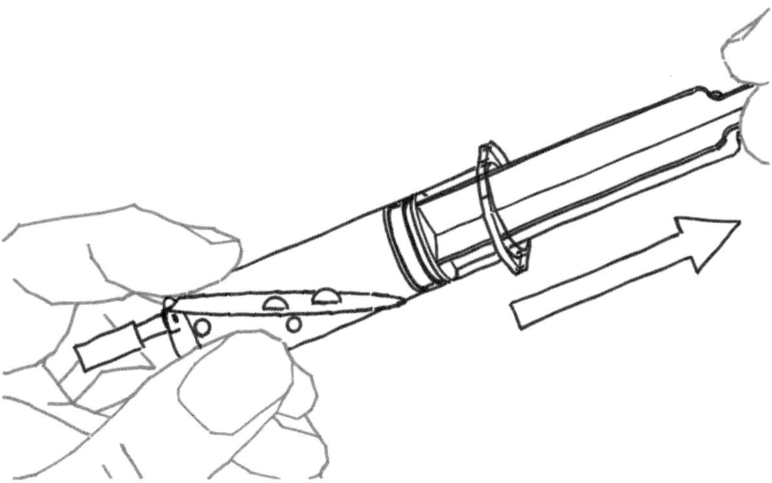

Aber es geht ja nicht um den Mount Everest, sondern ums Meer, wo das »schnellste Schiff der Welt« 1893 schwamm. Wie sieht es da mit dem Druck aus? Tief unten im Meer herrscht hoher Druck, das wissen alle Taucher. Je mehr Wasser über ihnen ist, desto höher ist der Druck. Aber die Schiffsschrauben befinden sich nur knapp unter der Wasseroberfläche, wo der Druck nicht besonders groß ist. Entsprechend niedrig ist auch die Siedetemperatur des Wassers. Und durch die Kavitation sinkt der Druck ja punktuell noch weiter ab. So kommt es, dass hinter der Schraube tatsächlich Wasser siedet und lauter kleine Blasen aus Wasserdampf entstehen. Kavitationsblasen nennen Physiker sie.

Natürlich halten diese Blasen nicht lange, denn es lastet ja der Druck des Wassers auf ihnen. Und nicht nur das, denn von oben drückt ja auch noch die Luft auf die Meeresoberfläche. Innerhalb von Millisekunden implodieren sie – und dann geht es voll ab! Wenn so eine kleine, runde Blase in sich zusammenkracht, wirken alle Kräfte des sie umgebenden Wassers und der Strömung auf einen einzigen, winzigen Punkt hin – nämlich den vorherigen Mittelpunkt der Blase. Das ist etwas sehr Ungewöhnliches, was sonst in der Natur selten passiert. Und dadurch werden ungeheure Kräfte frei!

Wenn die Blase platzt, bilden sich irrsinnig schnelle, kleine Strömungen, die sogenannten Mikrojets. Die sind zwar winzig, schießen aber mit unglaublicher Wucht voran – Sie können sich das vorstellen wie unzählige Nadelstiche. Mit einer harten, spitzen Nadel kann man eine Menge kaputtmachen, denn der ausgeübte Druck konzentriert sich ja auf die winzige Spitze. Wenn man lange genug pikt, kann man mit einer Nadel durchaus einen Basketball zerstören, oder eine Holzplatte oder sogar Metall … Die Schrauben großer Schiffe jedenfalls sehen ziemlich demoliert aus, wenn sie lange den Kräften der Kavitation ausgesetzt sind. Das Metall ist abgeplatzt und zerdellt, man kann sich tatsächlich ausmalen, dass es wie mit heftigen Nadelstichen bearbeitet wurde.

Das lauteste Tier der Welt

Was in der Schifffahrt stört, ist im Tierreich allerdings sehr nützlich. Einige Tiere jagen mithilfe der Kavitation Beute oder verteidigen sich gegen Angreifer. Das beste Beispiel dafür ist der Pistolenkrebs, ein 5cm großes Tierchen aus der Familie der Garnelen. Er wird zu Recht auch Knallkrebs genannt, denn er knallt seine Feinde einfach um! Mit seiner Pistolenschere erzeugt er ein Geräusch, das lauter ist als ein Düsenjet: 200 Dezibel schafft der Krebs. Damit ist er das lauteste Tier der Welt. Kleine Tiere fallen in Ohnmacht, größere Angreifer hauen schnell ab. Sogar das Sonar von U-Booten kann durch den Knall gestört werden. Auch das schafft der Krebs durch Kavitation. Er klappt seine Pistolenschere explosionsartig schnell zu und schießt damit einen Wasserstrahl auf seine Angreifer ab. Hinter dem Strahl bildet sich die oben beschriebene, mit Wasserdampf gefüllte Blase, die knallend implodiert.

Lustig ist, dass der Pistolenkrebs seinen Mega-Knall möglicherweise selbst gar nicht hört. Forscher haben bei den Krebsen keine Hörorgane gefunden. Aber vielleicht ist das bei dem wahnsinnigen Knall auch besser so.

Außerdem erzeugt der Krebs mit seiner Schere nicht nur Donner, sondern auch einen Blitz: Wenn die Kavitationsblase implodiert, wird so viel Energie frei, dass es zu einer Sonolumineszenz kommt. Dieser Begriff bezeichnet einen Lichteffekt, der entsteht, wenn Flüssigkeiten starken Druckschwankungen unterworfen sind. Leider können wir Menschen den Blitz nicht mit bloßen Augen sehen. Wenn man den Superkrebs aber mit einer Kamera filmt, die eine sehr, sehr langsame Zeitlupe schafft, ist die Sonolumineszenz sichtbar. Das sieht wirklich unglaublich aus! Die Entdecker und Entdeckerinnen des Effektes waren so entzückt, dass sie ihn sogar »Shrimpolumineszenz[26]« tauften.

Generell ist der Pistolenkrebs ein so faszinierendes Tier, dass man allein über ihn ein ganzes Buch schreiben könnte. Privat ist er nämlich ein total sozialer Typ, der gerne mit kleinen Fischen oder Seeanemonen zusammenwohnt. Häufig lebt er zusammen mit der Wächter-

---

26 Lohse, D., Schmitz, B. & Versluis, M. Snapping shrimp make flashing bubbles. *Nature* 413, 477–478 (2001).

grundel in einer Höhle, einem kleinen, gestreiften Fisch. Der Krebs baut den ganzen Tag an der Höhle, die kleine Grundel schwimmt draußen vor dem Eingang herum und passt auf, dass keine Feinde kommen. Wenn dann zum Beispiel ein Krake angeschwommen kommt, flitzt die kleine Grundel zurück in die Höhle und fängt vor Angst an zu zittern. Das ist das Zeichen für den Krebs: Er stürzt aus der Höhle und knallt den Angreifer mit seiner Pistolenschere ab.

Und sollte er mal im Kampf den Kürzeren ziehen und seine Pistolenschere verlieren, repariert er sich einfach selbst: Die normale Greifschere auf der anderen Seite wird zur Pistole umgebaut, und auf der verletzten Seite wächst eine Greifschere nach.

Endlich ein schnelles Schiff

So eine großartige Selbstheilung kommt natürlich für ein Schiff wie die HMS Daring nicht infrage. Hier mussten 1893 die Ingenieure ran, um die störende Kavitation zu überlisten. Und sie schafften es! Statt einer großen Schraube, die sich sehr schnell drehte, bekam das Schiff mehrere kleinere Schrauben mit etwas weniger Power. Schon strömte das Wasser nicht mehr ganz so schnell, und es kam zu weniger Kavitation. Auf diese Weise fuhr das Boot am Ende mit 32 Knoten durchs Meer, was für die damalige Zeit Ende des 19. Jahrhunderts wirklich sehr flott war. Die Zeitungen schrieben endlich vom »schnellsten Schiff der Welt«, und die Ingenieure waren zufrieden.

Nur eine Kleinigkeit mussten sie später noch umrüsten: Sie hatten vorn im Bug ein Torpedorohr angebracht, um feindliche Boote zu beschießen. Das erwies sich als unpraktisch, denn die HMS Daring war nun so schnell, dass sie Gefahr lief, den eigenen Torpedo zu überholen.

Das ist mehr als 100 Jahre her, und inzwischen gibt es viele ausgefuchste Lösungen, um Schiffe vor Kavitationsschäden zu schützen.

Einige Schiffsschrauben sind so gebaut, dass aus ihren Rändern Luft herausblubbert. Die vielen kleinen Luftbläschen funktionieren dabei wie ein Dämpfer. Strömt das Wasser zu schnell hinter der Schraube und wird der Druck zu niedrig, dehnen sie sich aus und verhindern damit das Entstehen von Kavitationsblasen. Für Kriegsschiffe ist diese Technik außerdem praktisch, weil sie die Boote leiser macht. Denn platzende Blasen sind, wie wir vom Pistolenkrebs wissen, ganz schön laut. Da kann es schon mal passieren, dass man vom Sonar des Feindes geortet wird.

Schöner kochen mit Kavitation: Lassen Sie die Physik für sich arbeiten!

Wenn Sie allerdings nicht gerade Soldat sind oder ein großes Schiff besitzen, können Sie sich das Phänomen der Kavitation zunutze machen und sogar eine Menge Spaß damit haben. Beim Kochen zum Beispiel! Jeder von uns hat schon mal in der Küche gestanden und verzweifelt versucht, ein Glas saure Gurken aufzuschrauben. Oder Würstchen oder Rotkohl. Ganz egal, ob man feuchte Hände hat oder zu wenig Kraft, jedenfalls sitzt der Deckel bombenfest und lässt sich nicht abschrauben. Freunde von uns haben für diese Fälle ein großartiges Werkzeug in der Küche, eine Art Zange, mit der man den Deckel greifen und dann mithilfe der Hebelwirkung aufdrehen kann.

So etwas haben wir leider nicht, und deshalb bleibt uns nur die Methode von Judiths Oma Anni: das Gurkenglas umdrehen und mit der flachen Hand beherzt auf den Boden schlagen. Auf den Boden des Glases natürlich, nicht den der Küche! Oma Anni hatte zusammen mit Opa Heinz einen Kleingarten mit sehr viel Obst und Gemüse. Jeden Sommer nach der Ernte wurde eingekocht: riesige Gläser voller Kirschen, Roter Bete oder Kürbis. Wenn Oma Anni in der Küche das Essen vorbereitete, hörte man aus der Küche immer das charakteristische klatschende, schmatzende Geräusch, wenn sie auf den Boden der Weckgläser schlug – und kurz danach das Knacken, wenn der Deckel sich endlich abschrauben ließ.

Viele wissen, dass das funktioniert. Aber nicht, warum. Die gängige Vermutung ist: Durch den Schlag üben wir Druck auf das Glas aus, das Glas drückt auf die Gurkenflüssigkeit und die wiederum auf den Deckel, worauf sich dort das Vakuum löst. Ganz sicher sind sich Experten (Physikerinnen wie Hausmänner) hier aber nicht. Eine Leserin der »Zeit« gab die Frage deshalb einmal an die Redaktion weiter. In der großartigen Rubrik »Stimmt's?« fragte sie: »Ich halte das nämlich für ein Gerücht, weil ich nicht glaube, dass man das Vakuum herausbekommt. Aber ich bin gern bereit, meinen Irrtum einzugestehen, wenn mir jemand kompetent eine plausible Erklärung liefern kann.«

Die Redaktion machte sich an die Arbeit. Sie recherchierte bei Herstellern von Drehverschlüssen und Einmachgläsern. Die lieferten gleich drei Erklärungen: Der Deckel ist verklebt und lockert sich durch den Schlag. Die sauren Gürkchen drücken auf den Deckel und lassen von außen Luft einströmen. Der Schlag setzt Sauerstoff im Gurkenwasser frei, der den Unterdruck vermindert.

All diese Erklärungen klingen plausibel, sind aber falsch. Tatsächlich hilft die Kavitation, den Deckel zu lockern. Im Gurkenwasser entstehen implodierende Blasen wie beim Angriff des Knallkrebses. Weil das mit bloßem Auge nicht sichtbar ist, haben wir das getestet und in Zeitlupe gefilmt.

Wenn wir auf den Boden des Glases schlagen, bewegt sich das Glas mit der Geschwindigkeit des Schlags ein Stück nach unten. Dabei lässt sie Gurken und Flüssigkeit quasi in der Luft zurück. Denn die sind träge: Sie werden von unserem Schlag nicht mitgenommen und bleiben noch einen winzigen Moment an der alten Stelle. Sie können sich das vorstellen, wie wenn man eine Tischdecke sehr schnell wegzieht und die Teller auf dem Tisch bleiben.

Das Glas ist nun unten, die Flüssigkeit nicht: So entsteht unten am Deckel für sehr kurze Zeit ein Unterdruck. Die Flüssigkeit fängt an zu kochen, sodass sich Blasen bilden, die innerhalb von Millisekunden platzen – und all die Kräfte freisetzen, die auch eine Schiffsschraube verbeulen können. Diese drücken auf den Deckel und lockern ihn ein winziges bisschen. Wir hören das Klacken und das schmatzende Geräusch – und können das Glas anschließend leichter aufschrauben.

Das funktioniert immer dann, wenn der Inhalt des Glases einigermaßen flüssig ist. Ein Marmeladenglas können wir auf diese Weise nicht öffnen. Marmelade ist zu stark geliert. Sie klebt fest am Boden des Glases. Wenn Sie mit Apfelgelee Kavitation erzeugen möchten, müssen Sie das Glas so lange schütteln, bis das Gelee sich komplett gelöst hat. Dann funktioniert zwar der physikalische Effekt, appetitlich sieht es dann aber nicht mehr aus.

Deshalb empfehlen wir Ihnen lieber ein anderes Experiment, das außerdem noch spektakulärer ist: den Boden einer Flasche mittels Kavitation herausschlagen.

Experiment: Flaschenboden abplatzen lassen

Sie brauchen:

- eine Glasflasche (Sprudel, Limonade, Bier – ganz egal), gern mit Verschluss
- etwas Wasser
- einen Gummihammer oder ein Stück Holz (z. B. ein Holzscheit)
- einen Eimer
- einen Arbeitshandschuh zu Ihrem Schutz
- etwas Mut

So geht's:

Füllen Sie die Flasche bis knapp unter den Rand mit Wasser. Halten Sie die Flasche über einen Eimer. Mit einer Hand (die bitte durch den Handschuh geschützt ist) halten Sie die Flasche am Hals, mit der anderen den Hammer. Schlagen Sie kräftig oben auf die Flaschenöffnung. Der Boden der Flasche bricht heraus, und das Wasser ergießt sich in den Eimer. Wenn es nicht sofort klappt: einfach wacker noch mal probieren, wie man im Ruhrgebiet sagt. Irgendwann klappt es!

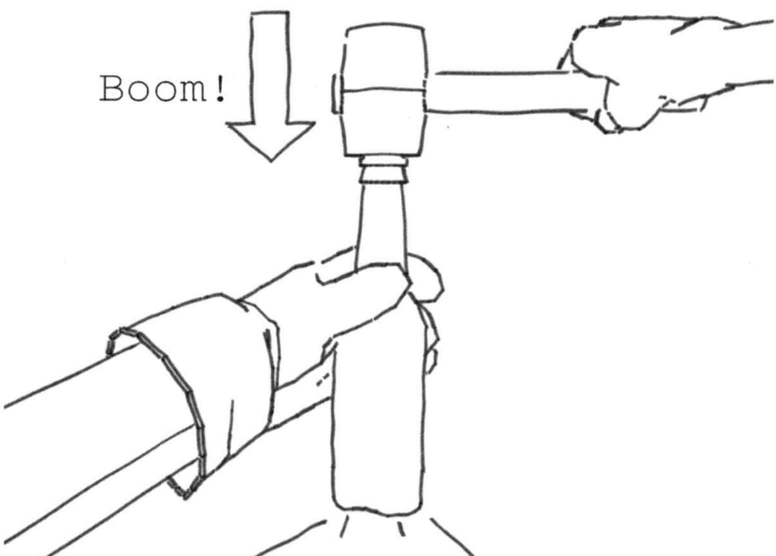

Auch in diesem Experiment sieht man zunächst nur, dass die Flasche kaputtgeht. Filmt man mit einer Hochgeschwindigkeitskamera, sieht man aber, dass am Boden mehrere Blasen entstehen, die nach kürzester Zeit implodieren und den Boden herausschießen. Der Pistolenkrebs lässt grüßen!

Im Internet kursieren Videos, in denen kräftige Männer den Boden von Flaschen auf diese Weise herausschlagen. Als Erklärung heißt es häufig, der Druck durch den Schlag sei so stark, dass die Luft in der Flasche auf das Wasser drückt und diese den Boden herausbricht. Das stimmt so nicht – dafür müsste man 3 Liter Luft komprimiert in die Flasche pressen. Das ist schwer zu schaffen. Außerdem klappt der Trick auch mit Verschluss.

Nicht möglich ist es dagegen, auf diese Weise den Boden aufgesprudelter Getränke herauszuschlagen. Versuchen Sie es einmal mit Mineralwasser oder mit Limonade: keine Chance! Das in den Getränken befindliche Kohlendioxid übernimmt hier die Aufgabe des Dämpfers. Es dehnt sich aus und sorgt dafür, dass keine so starken Druckschwankungen entstehen. Und wo kein Unterdruck ist, entstehen auch keine Kavitationsblasen.

Kavitation ist aber grundsätzlich überall möglich, wo viel Flüssigkeit vorhanden ist. Also auch im menschlichen Körper – denn wir bestehen ja zum größten Teil aus Wasser. Und Körperzellen tut es nicht gut, wenn in ihnen kleine Bläschen mit viel Wumms implodieren. Die Diätindustrie versucht, das auszunutzen. Ärztinnen oder Kosmetiker bieten an, mit Ultraschall auf all die Zellen zu schießen, die ihre Kunden nicht mehr haben möchten: Fettzellen an den Oberschenkeln, am Bauch oder an der Hüfte. Das Ziel ist es, diese Zellen kontrolliert platzen zu lassen. Zurück bleibt ein Fett-Wasser-Gemisch, das vom Lymphsystem abtransportiert, ausgeschieden oder von der Leber verwertet wird. Wie gut das funktioniert, haben wir nicht recherchiert. Sicher ist, dass man einige Sitzungen braucht und ungefähr 1.000 Euro für die Therapie einplanen muss. Experten geben außerdem zu bedenken, dass die Therapie nur im Zusammenhang mit Ernährungsumstellung, Massagen und Sport hilft – Maßnahmen, die auch ohne Kavitation in der Regel dazu beitragen, dass man abnimmt.

Spannender ist die Wirkung von Kavitation in der heilenden Medizin. Hier kann Kavitation wirklich helfen – nämlich in der Krebstherapie. Ärzte beschießen Tumore gezielt mit hoch fokussierten Ultraschallwellen. Im Gewebe entstehen Kavitationsbläschen, die implodieren und dem Tumor die Blutzufuhr abdrehen. Die Methode ist noch relativ jung, wird aber weiter erforscht und zeigt offenbar bereits Erfolge. Und angesichts dessen können wir der Kavitation doch verzeihen, dass sie bei der Schifffahrt stört, oder?

Alltags-Störfaktor 
Lifehack-Faktor 
Katastrophenpotenzial 

Danke!

Ein Buch zu schreiben konfrontiert einen mit einem spannenden physikalischen Thema: der Zeit! Die ist, wie wir wissen, relativ: Am Anfang des Projekts scheint es so, als hätte man unfassbar viel davon. Dann vergeht die Zeit immer schneller, bis man sich richtig ranhalten muss, während die Zeit an allen Ecken des Lebens fehlt. Deshalb bedanken wir uns von Herzen bei Jannik, Swantje, Josephina und Michel, die uns moralisch unterstützt, reihum essen gekocht und es toleriert haben, wenn am Tisch auch noch über Physik gesprochen wurde.

Herzlichen Dank an unseren Agenten Peter Molden und Jessica Hein von Penguin Random House für die tolle Betreuung und an Kanut Kirches und Stefan Heusler für das konstruktive, scharfsinnige Lektorat. Auf wissenschaftlicher Seite hatten wir großartige Unterstützung von Svetlana Gutschank, Tobias Happe, Gerhard Heywang, Bernhard Niemann und Thomas Seidensticker.

Einen Teil des Buches durften wir unter sehr besonderen Bedingungen schreiben: mit Blick aufs Wattenmeer, während im Lockdown der Schulunterricht direkt ins Inselhaus gestreamt wurde. Herzlichen Dank, Margot und Joachim, dass das möglich war. Man kann kaum schöner unter Zeitdruck geraten als an einem einsamen Nordseestrand.